SHICAI PINGMIAN PINTU
CHANPIN ZHIZUO

石材平面拼图
产品制作

主编　陈立冠　刘群英　孙春石

参编　夏　冬　杨志义　刘铁雄
　　　蒋沛洋　潘欣欣　黄荧嫦

知识产权出版社
全国百佳图书出版单位
—北京—

图书在版编目（CIP）数据

石材平面拼图产品制作/陈立冠，刘群英，孙春石主编. —北京：知识产权出版社，2021. 12
ISBN 978 - 7 - 5130 - 7814 - 6

Ⅰ. ①石… Ⅱ. ①陈… ②刘… ③孙… Ⅲ. ①石料—建筑材料—制作 Ⅳ. ①TU521. 2

中国版本图书馆 CIP 数据核字（2021）第 225329 号

责任编辑：韩　冰　王海霞　　　　　　　责任校对：潘凤越
封面设计：北京乾达文化艺术有限公司　　责任印制：刘译文

石材平面拼图产品制作

主　编　陈立冠　刘群英　孙春石
参　编　夏　冬　杨志义　刘铁雄　蒋沛洋　潘欣欣　黄荧嫦

出版发行：知识产权出版社 有限责任公司	网　　址：http://www.ipph.cn	
社　　址：北京市海淀区气象路 50 号院	邮　　编：100081	
责编电话：010 - 82000860 转 8126	责编邮箱：hanbing@ cnipr. com	
发行电话：010 - 82000860 转 8101/8102	发行传真：010 - 82000893/82005070/82000270	
印　　刷：天津嘉恒印务有限公司	经　　销：各大网上书店、新华书店及相关专业书店	
开　　本：787mm ×1092mm　1/16	印　　张：15. 5	
版　　次：2021 年 12 月第 1 版	印　　次：2021 年 12 月第 1 次印刷	
字　　数：322 千字	定　　价：98. 00 元	

ISBN 978 - 7 - 5130 - 7814 -6

石材工艺专业教学开发编委会

主　任

覃敬文

副主任

杨晓明　梁新林

成　员

朱永亮　杨志义　梁建坤　覃　军　赵小灵

参　编

夏　冬　刘铁雄　蒋沛洋　潘欣欣　黄荧嫦

前　言 Preface

　　云浮市素有"中国石都"的美誉，经过多年发展，云浮市已成为全国三大石材基地之一，是国内外名优石材主要的加工和创新基地及石材贸易集散地。近年来，云浮市委、市政府大力扶持石材产业的升级改造、品牌创新和技术创新，目的是将石材产业重点打造为全市支柱产业。在此背景下，云浮地区石材行业必将提出新的技术技能人才需求。

　　云浮技师学院根据云浮市地方支柱产业开设具有产业特色的石材工艺专业，该专业是以培养具备石材造型设计、石材工艺设计、石材产品制作等职业能力的高技能型人才为目标，力求解决云浮市乃至全国石材工艺产业人才短缺的问题，为传承省非物质文化遗产"云浮石艺"做贡献的品牌特色专业。

　　该专业以人力资源和社会保障部颁发的《一体化课程开发规范》为指导思想，遵循一体化课程改革模式，以职业岗位工作流程为导向，按行业产品类型设置学习任务，坚持职业技能与职业素养并重的人才培养理念，构建工学一体化课程体系。

　　云浮技师学院承担了2019年广东省技工教育和职业培训省级教学研究课题"基于非遗国家级技能大师工作室工匠型技能人才培养模式研究——以石材工艺工匠型技能人才培养为例"（课题编号：KT2019041）的课题研究任务，石材工艺专业课题组成员陈立冠、刘群英、杨志义、夏冬、梁建坤、刘铁雄、潘欣欣、孙春石、蒋沛洋、赵小灵、黄荧嫦等老师在石材工艺专业教学开发编委会的指导下，经过行业企业调研、岗位需求分析、工作任务提取、教学任务转化、教学设计等环节编写了本书。本书按照经济社会发展需要和技能型人才培养规律，根据国家职业标准，以综合职业能力培养为目标，以具体学习活动为载体，按照工作过程和学习者自主学习要求设计并安排教学活动。

　　本书根据石材平面拼图产品类型，设置了地面拼花产品制作、平面动物马赛克拼图制作、平面风景马赛克拼图制作三个有代表性的学习任务，并按照PDCA工作流程为每个学习任务设置若干学习单元。

本书可作为石材建筑类专业的教学用书，也可用作石材行业企业技能培训用书。

本书编者在编写过程中参阅了大量国内出版的有关教材和资料，并利用了部分网络资源，书中部分图片由云浮市新高雅有限公司提供，在此对相关作者表示感谢。由于编者水平有限，书中难免存在不足之处，敬请广大读者批评指正。

目 录 Contents

地面拼花产品制作

任务情境描述

　　将某校一教室讲台改成具有石材专业特色，由石材工艺班学生负责完成，时间为一个月。具体实施方案为：教师提供若干图案，全班学生分组选定并设计方案，以投票形式选定最优方案；学校提供材料，合作企业提供场地及设备，学生完成地面拼花；将尺寸正确、整体平整、粘贴牢固的产品铺在教室讲台地面上。成绩评价标准为：上墙作品成绩评定为良或以上，合格未上墙作品评定为中等或合格，不合格作品评定为不合格。邀请全校师生参观最终作品，以激励学生的学习积极性。

学习单元一　读设计图

学习活动一　整体认知

信息页 1.1.1

石材拼接产品概述

一、石材拼接产品分类

石材拼接产品分为水刀拼花和石材马赛克两种。

水刀拼花

石材马赛克

二、水刀拼花

1. 水刀拼花原理

水刀拼花是利用超高压技术把普通的自来水加压到 250～400 MPa，再通过内孔直径为 0.15～0.35 mm 的宝石喷嘴喷射形成速度为 800～1000 m/s 的高速射流，同时加入适量的磨料来切割石材、金属等各类原材料，做成各种不同的图案造型。水刀拼花所用设备主要是水刀切割机。

水刀切割机

2. 水刀切割特点

水刀切割可以用于对任何材料进行任意曲线的一次性切割加工，其他切割方法都会受到材料品种的限制；切割时不产生热量和有害物质，材料无热效应，属于冷态切割；切割后不需要或易于二次加工。可以说，水刀切割安全、环保，成本低、速度快、效率高，方便灵活、用途广泛。水刀切割是目前适用性最强的切割工艺方法之一。

知识拓展

拼接产品的常见种类

名称	介绍	用途	图样
石材水刀拼花	石材水刀拼花是目前市场上最常见的水刀拼花，利用水刀将各种颜色的石材切割成需要的造型，再用胶水拼接而成。大理石、花岗岩、玉石和人造石都是很好的材料选择	主要用在星级酒店，大型商场，别墅，家里的客厅、餐厅和玄关	
金属水刀拼花	用于水刀拼花的金属主要有不锈钢和铜两种，还可以和石材搭配组合成一些拼花图案	由于金属水刀拼花价格较高，色彩也比较单一，现阶段主要用于制作一些公司或酒店的招牌	
模具马赛克	模具马赛克也可以称为带缝的马赛克。其整体结构是由种类不同、造型相同的标准化小单元块组成，模具马赛克是块与块之间按照一定的缝隙标准、位置标准和图案分布要求顺序排列而成的马赛克产品	拼块部分和拼花部分适用于代替其他材料的地面装修，主要用于大面积使用的平面类装修；波打则适用于包括墙面、地面和其他需要界面区分的平面类的效果隔断或者收边部分，且有灵活的调整和重组优势	
小颗粒马赛克	小颗粒马赛克是指主要使用15 mm的小颗粒、以无缝密排方式进行各类连续性图案拼接的、整体效果过渡较为自然的马赛克产品	适用于地面、墙面及各类平面类的装修；波打则适用于包括墙面、地面和其他需要界面区分的平面类的效果隔断或者收边部分，且有灵活的调整和重组优势。更适用于墙面的整体拼图装修，效果更佳	

名称	介绍	用途	图样
3D 马赛克	3D 马赛克是指正面效果不是平面型的简单布局，而是有立体效果的模具马赛克产品	3D 马赛克拼图产品主要适用于室内外的墙面，尤其适用于特殊墙面，其成本低于单色的板材工艺造型	
断裂面马赛克	断裂面马赛克是指用压力机加工后正面呈自然断裂效果的单元块小块，通过手工按照设计要求无缝拼接而成的、表面凹凸不平的不规则马赛克	拼块部分主要适用于承重较小的需要防滑的地面、室内外墙裙、踢脚。波打部分与断裂面拼块组合效果较为协调	
马赛克地毯	马赛克地毯是针对整体地面或者某一墙面部分有象征性意义，或者为了满足某部分特色集中表现的需要而专门设计的、图案较有代表性的马赛克产品	主要用于地面和其他需要界面区分的平面类的效果隔断	
古堡砖	大众化意义上，可以总结为小规格的振动面薄板。实际上就是经过高频振动后的小薄板	适用于一般的各种平面装修的需要	

工作页 1.1.1

班级：_____ 学号：_____ 姓名：_____

记录 PPT 中的关键词，并把关键词写在下列相应问题的横线上。

1. 什么是石材拼接产品？

....

....

2. 石材拼接产品按加工工艺分类，常见的有哪几类？

....

....

3. 石材拼接产品主要用于哪里？

....

....

4. 从下面的图片中选出石材拼接产品（在"是"前打"√"）并写出其用途。

□ 是　□ 否	□ 是　□ 否	□ 是　□ 否	□ 是　□ 否
用途：	用途：	用途：	用途：
□ 是　□ 否	□ 是　□ 否	□ 是　□ 否	□ 是　□ 否
用途：	用途：	用途：	用途：

工作页 1.1.2

班级：_____   学号：_____   姓名：_____

根据以下要求手工制作一份"石材拼接产品概要介绍"海报，将成果抄画在空白页上。

（1）标题：根据内容自定义。

（2）内容：包含石材拼接产品概念、种类、用途及装饰案例。

班级：_____　　学号：_____　　姓名：_____

评　价　表

年　　月　　日

项次	项目要求		配分	评分细则	自评	小组评价	教师评价
1. 素养（40分）	纪律情况（15分）	按时到岗，不早退	5	违反规定每次扣5分			
		积极思考、回答问题	5	根据上课统计情况得1～5分			
		"三有一无"（有本、笔、书，无手机）	5	违反规定每项扣3分			
		执行教师指令	0	此为否定项，违规酌情扣10～100分，违反校规按校规处理			
	职业道德（10分）	能与他人合作	3	不符合要求不得分			
		主动帮助同学	3	能主动帮助同学，得3分；被动帮助同学，得1分			
		追求完美	4	对工作精益求精且效果明显，得4分；对工作认真，得3分；其余不得分			
	5S（10分）	桌面、地面整洁	5	自己的工位桌面、地面整洁无杂物，得5分；不合格不得分			
		物品定置管理	5	按定置要求放置，得5分；不合格不得分			
	快速阅读能力（5分）		5	能快速准确明确任务要求并清晰表达，得5分；能主动沟通，在教师指导后达标，得3分；其余不得分			

项次		项目要求	配分	评分细则	自评	小组评价	教师评价
2. 职业能力（40分）	制作"石材拼接产品概要介绍"海报	信息内容	15	信息内容全面，得15分；信息内容不够全面，得1~14分；内容填写错误的不得分			
		小组分工	10	小组分工明确并落实，得10分；小组分工明确但未落实，得1~9分			
		整洁、无错别字	10	版面整洁、无错别字，得10分；版面整洁、有错别字，得1~3分；其余不得分			
		制作时间	5	在规定时间内完成，得5分；未按时完成不得分			
3. 工作页完成情况（20分）	按时完成工作页	及时提交	5	按时提交得5分；迟交不得分			
		内容完成程度	5	按完成情况得1~5分			
		回答准确率	5	视准确率情况得1~5分			
		有独到的见解	5	视见解独到程度得1~5分			
总分							
加权平均分（自评20%，小组评价30%，教师评价50%）							
教师评价签字：				组长签字：			

请你根据以上打分情况，对自己在本活动中的工作和学习状态进行总体评述（从素养的自我提升方面、职业能力的提升方面进行评述，分析自己的不足之处，描述对不足之处的改进措施）

教师指导意见：

学习活动二　读设计图

一、水刀拼花图样（案例一）

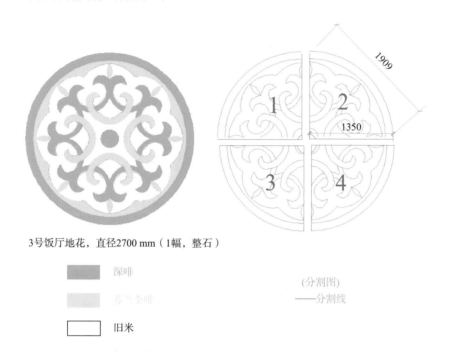

3号饭厅地花，直径2700 mm（1幅，整石）

深啡

芬兰金啡

旧米

（分割图）
——分割线

加工说明

产品名称：3号饭厅地花

规格：直径 2700 mm

数量：1 幅

工序	人员	工时/h	要求
读设计图，拆分图样	绘图员	1	尺寸正确，选料明确（深啡、芬兰金啡、旧米），标注尺寸，排版标号
图样审核	图样审核员	0.5	图样规范，工艺可行性、加工经济性
水刀切割板材	水刀工	2	尺寸正确，避开缺陷，保证板面干净，注意加工造型精度
打磨切料	打磨工	2	控制配合面间隙不大于 1 mm

工序	人员	工时/h	要求
拼接	打磨工	1	调色合适，上胶合理
水磨正面	水磨工	2	保证正面的平整度、光泽度
桥切机切边	桥切工	0.5	尺寸正确，保证板面干净
修补打蜡	修补工	0.5	调色合适，上胶合理，保证板面的光泽度
质量检验	质检员	0.5	达到质量检验标准要求
产品装箱	装箱工	0.5	达到产品装箱要求

二、水刀拼花图样（案例二）

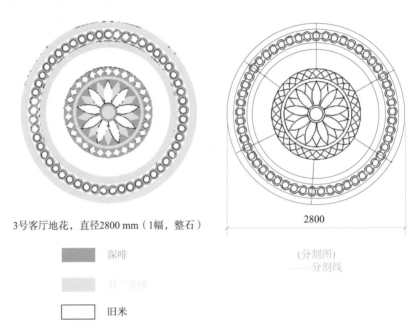

3号客厅地花，直径2800 mm（1幅，整石）

▇ 深啡

▨ 芬兰金啡

▢ 旧米

2800

（分割图）
——分割线

加工说明

产品名称：3 号客厅地花

规格：直径 2800 mm

数量：1 幅

工序	人员	工时/h	要求
读设计图，拆分图样	绘图员	1	尺寸正确，选料明确（深啡、芬兰金啡、旧米），标注尺寸，排版标号
图样审核	图样审核员	0.5	图样规范，工艺可行性、加工经济性

续表

工序	人员	工时/h	要求
水刀切割板材	水刀工	2	尺寸正确，避开缺陷，保证板面干净，注意加工造型精度
打磨切料	打磨工	2	控制配合面间隙不大于1 mm
拼接	打磨工	1	调色合适，上胶合理
水磨正面	水磨工	2	保证正面的平整度、光泽度
桥切机切边	桥切工	0.5	尺寸正确，保证板面干净
修补打蜡	修补工	0.5	调色合适，上胶合理，保证板面的光泽度
质量检验	质检员	0.5	达到质量检验标准要求
产品装箱	装箱工	0.5	达到产品装箱要求

三、水刀拼花图样（案例三）

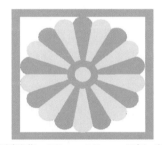

3号客厅地花：360 mm×360 mm（8幅，整石）

■ 深啡

■ 芬兰金啡

□ 旧米

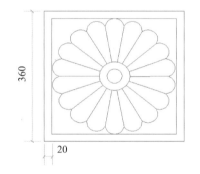

加工说明

产品名称：3号客厅地花

规格：360 mm × 360 mm

数量：8 幅

石材平面拼图产品制作

工序	人员	工时/h	要求
读设计图，拆分图样	绘图员	1	尺寸正确，选料明确（深啡、芬兰金啡、旧米），标注尺寸，排版标号
图样审核	图样审核员	0.5	图样规范，工艺可行性、加工经济性
水刀切割板材	水刀工	2	尺寸正确，避开缺陷，保证板面干净，注意加工造型精度
打磨切料	打磨工	2	控制配合面间隙不大于 1 mm
拼接	打磨工	1	调色合适，上胶合理
水磨正面	水磨工	2	保证正面的平整度、光泽度
桥切机切边	桥切工	0.5	尺寸正确，保证板面干净
修补打蜡	修补工	0.5	调色合适，上胶合理，保证板面的光泽度
质量检验	质检员	0.5	达到质量检验标准要求
产品装箱	装箱工	0.5	达到产品装箱要求

工作页 1.2.1

班级：_____　　学号：_____　　姓名：_____

独立制作图形符号汇总表格，表格中包含序号、名称、符号说明、备注等内容。

（1）使用 A4 白纸制作表格。

（2）包含标题与字段名。

班级：_____   学号：_____   姓名：_____

评 价 表

年　　月　　日

项次		项目要求	配分	评分细则	自评	小组评价	教师评价
1. 素养（40 分）	纪律情况（15 分）	按时到岗，不早退	5	违反规定每次扣 5 分			
		积极思考、回答问题	5	根据上课统计情况得 1～5 分			
		"三有一无"（有本、笔、书，无手机）	5	违反规定每项扣 3 分			
		执行教师指令	0	此为否定项，违规酌情扣 10～100 分，违反校规按校规处理			
	职业道德（10 分）	能与他人合作	3	不符合要求不得分			
		主动帮助同学	3	能主动帮助同学，得 3 分；被动帮助同学，得 1 分			
		追求完美	4	对工作精益求精且效果明显，得 4 分；对工作认真，得 3 分；其余不得分			
	5S（10 分）	桌面、地面整洁	5	自己的工位桌面、地面整洁无杂物，得 5 分；不合格不得分			
		物品定置管理	5	按定置要求放置，得 5 分；不合格不得分			
	快速阅读能力（5 分）		5	能快速准确明确任务要求并清晰表达，得 5 分；能主动沟通，在教师指导后达标，得 3 分；其余不得分			

续表

项次	项目要求		配分	评分细则	自评	小组评价	教师评价
2. 职业能力（40分）	制作表格	符号信息内容	15	符号信息内容全面，文字表达清晰，得15分；符号信息内容不够全面，得1~14分；内容填写错误的不得分			
		小组分工	5	小组分工明确并落实，得5分；小组分工明确但未落实，得1~4分			
		整洁、无错别字	15	版面整洁、无错别字，得15分；版面整洁、有错别字，得1~14分；其余不得分			
		制作时间	5	在规定时间内完成，得5分；未按时完成不得分			
3. 工作页完成情况（20分）	按时完成工作页	及时提交	5	按时提交得5分；迟交不得分			
		内容完成程度	5	按完成情况得1~5分			
		回答准确率	5	视准确率情况得1~5分			
		有独到的见解	5	视见解独到程度得1~5分			
总分							
加权平均分（自评20%，小组评价30%，教师评价50%）							
教师评价签字：				组长签字：			

请你根据以上打分情况，对自己在本活动中的工作和学习状态进行总体评述（从素养的自我提升方面、职业能力的提升方面进行评述，分析自己的不足之处，描述对不足之处的改进措施）

教师指导意见：

信息页 1.2.2

石　材

　　石材作为一种高档建筑装饰材料，被广泛应用于室内外装饰设计、幕墙装饰和公共设施建设。目前市场上常见的石材分为天然石材和人造石两大类。

　　石材是建筑装饰材料中的高档产品，天然石材大体分为大理石、花岗石、石灰石、砂岩、火山岩等。人造石按加工工艺分为水磨石和合成石。水磨石是以水泥、混凝土等原料锻压而成的；合成石是以天然石的碎石为原料，加上粘合剂等经加压、抛光而成的。后者为人工制成，所以其强度没有天然石材高。但是，随着科技的不断发展和进步，人造石产品的发展日新月异，在质量和美观性上已经不逊色于天然石材。

大理石　　　　　　　　　　　　　　花岗石

石灰石　　　　　　　　　　　　　　砂岩

火山岩

天然石材是从天然岩体中开采出来，并加工成块状或板状材料的总称。建筑装饰用的天然石材主要有花岗石和大理石两种。天然石材是最古老的土木工程材料之一，具有很高的抗压强度、良好的耐磨性和耐久性，经加工后表面美观、富于装饰性，且资源分布广、蕴藏量丰富、便于就地取材、生产成本低。

一、花岗石

花岗石是一种非常坚硬的火成岩岩石，它的密度很高，耐划、耐腐蚀，非常适合用作地板和厨房台面。花岗石有几百个品种。

1. 形成

花岗石是由地下岩浆喷出和侵入冷却结晶，以及花岗质的变质岩等形成的。

2. 成分

花岗石的主要成分是二氧化硅，其含量为 65%～85%。

3. 化学性质

花岗石的化学性质呈弱酸性。

4. 结构

花岗石通常为点状结构，颗粒较为粗大（指二氧化硅），表面花纹分布较规则，硬度高。

5. 特性

（1）具有良好的装饰性能，可用于公共场所及室外的装饰。

（2）具有优良的加工性能，可锯、切、磨光、钻孔、雕刻等。其加工精度可达 0.5 μm 以下，光泽度达 100 以上。

（3）耐磨性能好，比铸铁高 5～10 倍。

（4）热膨胀系数小，不易变形，与铟钢相仿，受温度影响极微。

（5）弹性模量大，高于铸铁。

（6）刚性好，内阻尼系数大，比钢铁大 15 倍左右，能防振、减振。

（7）具有脆性，受损后只是局部脱落，不影响整体的平直性。

（8）化学性质稳定，不易风化，耐酸、碱及腐蚀气体的侵蚀，其化学性质与二氧化硅的含量有关，使用寿命可达 200 年左右。

（9）具有不导电、不导磁、场位稳定等诸多优良性能。

二、大理石

大理石是地壳中原有的岩石经过地壳内高温高压作用形成的变质岩。地壳的内力作用促使原来的各类岩石发生质的变化，即原来岩石的结构、构造和矿物成分发生改变，经过质变形成的新的岩石称为变质岩。

大理石主要由方解石、石灰石、蛇纹石和白云石组成。其成分以碳酸钙为主，占

50%以上。由于大理石一般都含有杂质，而且碳酸钙在大气中受二氧化碳、碳化物、水气的作用，也容易风化和溶蚀，因此表面很快会失去光泽。大理石一般性质比较软，这是相对于花岗石而言的。

大理石又称云石，以其自然古朴的纹理、鲜艳亮丽的色泽，广泛用于建筑内饰墙面。由于大理石材质比较疏松，质地较软，吸水率相对较高，且节理线比较多，故在加工、运输、安装和使用过程中容易出现各种污染和翘曲变形，影响装饰效果。

大理石有大理岩、白云岩、灰岩、砂岩、页岩和板岩等。例如，我国著名的汉白玉就是北京市房山区产的白云岩，云南大理石则是产于大理县的大理岩，著名的丹东绿则为蛇纹石化硅卡岩。

汉白玉　　　　　　　　　　云南大理石

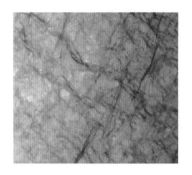

丹东绿

大理石具有如下性能：

（1）优良的装饰性能，不产生辐射且色泽艳丽、色彩丰富，广泛用于室内墙、地面的装饰。

（2）优良的加工性能，可锯、切、磨光、钻孔、雕刻等。

（3）耐磨性能良好，不易老化，使用寿命一般为 50~80 年。

（4）具有不导电、不导磁、场位稳定等特性。

在工业上，大理石得到广泛应用，如用于原料、净化剂、冶金溶剂等。

三、石灰石

石灰石是沉积岩的一种，由方解石和沉积物组成。

四、砂岩

砂岩也是沉积岩的一种，主要由松散的石英砂颗粒组成，质地粗糙。砂岩也有许多品种可供选择。

石灰石　　　　　　　　　　　　　　　　　砂岩

五、板岩

板岩是一种变质岩，原岩为泥质、粉质或中性凝灰岩，沿板理方向可以剥成薄片。板岩的颜色和性质随其所含有的杂质不同而变化，含铁的为红色或黄色，含碳质的为黑色或灰色，含钙的遇盐酸会起泡。因此，一般以其颜色或所含杂质命名分类，如灰绿色板岩、黑色板岩、钙质板岩等。

六、天然文化石

天然文化石开采于自然界的石材矿床，其中的砂岩、石英石等经过加工，成为一种装饰建材。天然文化石材质坚硬、色泽鲜明、纹理丰富、风格各异，具有抗压、耐磨、耐火、耐寒、耐腐蚀、吸水率低等特点。

七、人造石

人造石是用非天然的混合物制成的，如树脂、水泥、玻璃珠、铝石粉等加碎石粘结剂。人造石又称"人造大理石"。我国最早应用人造石制品作为装饰材料是在 20 世纪 90 年代中期的一些沿海较发达城市。

天然文化石　　　　　　　　　　　　　　　人造石

人造石是一种人工合成的装饰材料，按照所用粘结剂不同，可分为有机类和无机类两类。按其生产工艺过程的不同，又可分为聚酯型人造大理石、复合型人造大理石、硅酸盐型人造大理石和烧结型人造大理石四种类型。

知识拓展

一、石材品种

国产石材花岗石

五莲花	海沧白	山西黑	蒙古黑	珍珠白	七彩石	石岛红	皇室珍珠
紫晶钻	皇室棕	皇室红棕	粉红玫瑰	菊花黄	虎贝	福鼎黑	江西绿
枫叶红	承德绿	天山红	安溪红	丁香紫	九龙壁	珍珠花	樱花红
芝麻白	山东白麻	罗源红	玉石	金彩麻	巴厝白	内厝白	康美黑
东石白	芝麻黑	大白花	洪塘白	桂林红	霞红	永定红	粉红花
平度白	崂山灰	岑溪红	同安白	桃花红	光泽红	豹皮花	牡丹红
文登白	翡翠绿	珍珠红	齐鲁红	海浪花	森林绿	黑白花	吉林白
济南青	雪花青	将军红	紫罗兰	泉州白	漳浦红	漳浦青	惠东红
崂山红	蝴蝶绿	西丽红	中国绿	中国黑	寿宁红	鲁灰	浪花白
五莲红	丰镇黑	中国红	冰花蓝	天山蓝宝	粉红麻	河北黑	万年青
紫罗红	黄金麻	蝴蝶蓝	虎皮白	夜玫瑰	虎皮红	墨玉	虾红
中国棕	芝麻灰	蓝钻	丹东绿	三宝红	霸王花	映山红	山东锈石
黄锈石	燕山绿	金钻	孔雀绿	揭阳红	水晶绿	水晶石	蓝宝
菊花绿	古典灰麻	高粱红	新疆红	冰花	黄石	中磊红	芭拉花
黑珍珠	粉石英	绿石英	粉砂岩	海洋绿	石榴红	晶白玉	天宝红
木纹绿	幻彩麻	冰花绿	天青石	卡麦金麻	蒙山花	绿钻	雪里梅
封开花	台山红	黑白点					

山西黑

珍珠白

万年青

进口石材花岗石

皇室啡	黑金沙	印度红	绿星	幻彩红	树挂冰花	美国白麻	啡钻
美国灰麻	豹皮花	金彩麻	墨绿麻	白玫瑰	小翠红	克什米尔金	英国棕
红钻	金钻麻	黄金钻	金沙黑	宝金石	蓝珍珠	幻彩绿	绿蝴蝶
南非红							

皇室啡　　　　　　　　　　　印度红

国产石材大理石

雪花白	丹东绿	水晶白	汉白玉	啡网	九龙壁	黑白根	虎皮黄
玛瑙红	广西白	白海棠	松香玉	木纹黄	杭灰	松香黄	米黄玉
金镶玉	贵州米黄	白沙米黄	玛瑙	蝴蝶花	杜鹃红	绿宝	

雪花白　　　　　　　　黑白根　　　　　　　　木纹黄

进口石材大理石

白洞石	黑金花	西班牙米黄	大花绿	大花白	金线米黄	浅啡网
爵士白	深啡网	金碧辉煌	雪花白	埃及米黄	金花米黄	旧米黄
雅士白	珊瑚红	卡拉拉白	世纪米黄	啡网	米白洞石	细花白
啡网纹	阿曼米黄	黄洞石	米黄洞石	莎安娜	银线米黄	中花白
西米	龙舌兰	中东米黄	白宫米黄	金年华	黄金海岸	金世纪
奥特曼	白玉兰	卡布奇诺	黑木纹	热带雨林	意大利木纹	莎安娜米黄

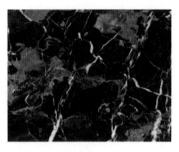 

黑金花　　　　　　　　　　西班牙米黄

二、石材尺寸

1. 原板

毛板（大板）尺寸一般约为 3 m×1.3 m，标板尺寸为 1.8 m×0.6 m，这个尺寸与石材质地及开采场设备和运输限制有关。

2. 成品板

成品板尺寸在原板尺寸内加工而成，受板材质地及铺贴工艺影响，一般长、宽不超过 1 m，狭长型宽度不小于 0.05 m；用于地面铺贴的大理石尺寸通常采用 80 cm×80 cm，墙面使用尺寸受重量影响，一般不超过 1 m^2。

3. 用作台面（洗面台、茶几、吧台等）的石材

宽度在 60 cm 内，长度一般不超过 1.5 m，并需要进行加固。

4. 花岗石平石常用规格尺寸

花岗石平石宽度和厚度是比较灵活的，厚度一般不小于 5 cm，宽度有 20 cm、30 cm 等规格，长度一般以 50 cm、60 cm 为主，常用平石规格尺寸（厚度×宽度×长度，单位为 cm）汇总见下表。

序号	尺寸	序号	尺寸	序号	尺寸	序号	尺寸
1	5×20×60	5	6×30×60	9	8×30×60	13	10×30×60
2	5×30×50	6	6×20×60	10	8×20×60	14	10×20×60
3	5×30×60	7	6×30×50	11	8×30×50	15	10×30×50
4	5×20×50	8	6×20×50	12	8×20×50	16	10×20×50

工作页 1.2.2

班级：＿＿＿＿＿＿　　学号：＿＿＿＿＿＿　　姓名：＿＿＿＿＿＿

根据教师提供的石材名称，通过网络搜索对应的产地、价格及图片，并填入下列常用石材信息表中。

常用石材信息表

序号	名称	产地	价格	图片
1				
2				
3				
4				
5				
6				
7				
8				
9				
10				
11				
12				
13				
14				
15				
16				
17				

班级：_____   学号：_____   姓名：_____

评 价 表

年　　月　　日

项次	项目要求		配分	评分细则	自评	小组评价	教师评价
1. 素养（40分）	纪律情况（15分）	按时到岗，不早退	5	违反规定每次扣5分			
		积极思考、回答问题	5	根据上课统计情况得1~5分			
		"三有一无"（有本、笔、书，无手机）	5	违反规定每项扣3分			
		执行教师指令	0	此为否定项，违规酌情扣10~100分，违反校规按校规处理			
	职业道德（10分）	能与他人合作	3	不符合要求不得分			
		主动帮助同学	3	能主动帮助同学，得3分；被动帮助同学，得1分			
		追求完美	4	对工作精益求精且效果明显，得4分；对工作认真，得3分；其余不得分			
	5S（10分）	桌面、地面整洁	5	自己的工位桌面、地面整洁无杂物，得5分；不合格不得分			
		物品定置管理	5	按定置要求放置，得5分；不合格不得分			
	快速阅读能力（5分）		5	能快速准确明确任务要求并清晰表达，得5分；能主动沟通，在教师指导后达标，得3分；其余不得分			

项次	项目要求		配分	评分细则	自评	小组评价	教师评价
2. 职业能力（40分）	填写常用石材信息表	信息内容	15	信息内容全面，得15分； 信息内容不够全面，得1~14分； 内容填写错误的不得分			
		小组分工	10	小组分工明确并落实，得10分； 小组分工明确但未落实，得1~9分			
		整洁、无错别字	10	版面整洁、无错别字，得10分； 版面整洁、有错别字，得1~9分； 其余不得分			
		制作时间	5	在规定时间内完成，得5分； 未按时完成不得分			
3. 工作页完成情况（20分）	按时完成工作页	及时提交	5	按时提交得5分； 迟交不得分			
		内容完成程度	5	按完成情况得1~5分			
		回答准确率	5	视准确率情况得1~5分			
		有独到的见解	5	视见解独到程度得1~5分			
总分							
加权平均分（自评20%，小组评价30%，教师评价50%）							
教师评价签字：			组长签字：				

请你根据以上打分情况，对自己在本活动中的工作和学习状态进行总体评述（从素养的自我提升方面、职业能力的提升方面进行评述，分析自己的不足之处，描述对不足之处的改进措施）

教师指导意见：

工作页 1.2.3

班级：_____   学号：_____   姓名：_____

记录 PPT 中的关键词，并把关键词写在下列相应问题的横线上。

1. 常用天然石材板材规格（原板）有哪几种？

....

....

....

....

....

....

2. 列举三种以上不同石材的用途和各自的加工特性。

....

....

....

....

....

....

....

....

....

学习单元二　制定生产单

学习活动一　拆分图样

观看水刀拼花绘图视频教程，了解如何运用 CAD 软件描出水刀拼花图，注意如何根据石材地面拼花效果图绘制出轮廓图，同时记住 CAD 软件绘图工具、修改工具的使用方法。

工作页 2.1.1

班级：＿＿＿＿＿　学号：＿＿＿＿＿　姓名：＿＿＿＿＿

任选一张效果图，并在纸上抠出轮廓，同时运用软件独立绘制出轮廓图。

1. 效果图一

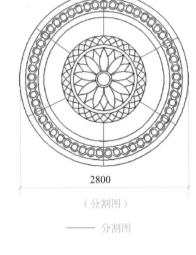

3号客厅地花，直径2800 mm（1幅，整石）

2800

（分割图）

—— 分割图

■ 深啡
■ 第一金啡
□ 旧米

2. 效果图二

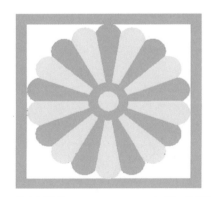

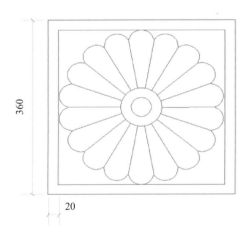

3号客厅地花，360 mm×360 mm（8幅，整石）

360

20

■ 深啡
■ 第一金啡
□ 旧米

3. 效果图三

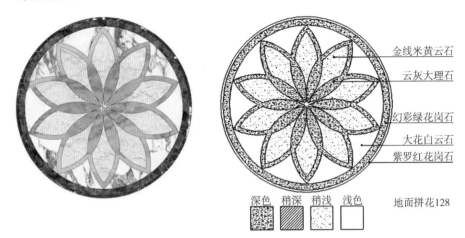

金线米黄云石
云灰大理石
幻彩绿花岗石
大花白云石
紫罗红花岗石

深色　稍深　稍浅　浅色　　地面拼花128

4. 效果图四

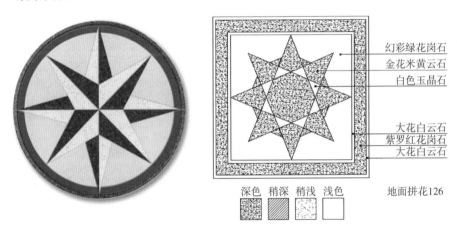

幻彩绿花岗石
金花米黄云石
白色玉晶石
大花白云石
紫罗红花岗石
大花白云石

深色　稍深　稍浅　浅色　　地面拼花126

5. 效果图五

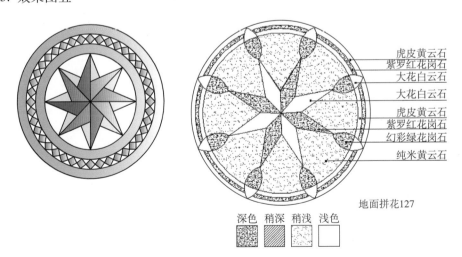

虎皮黄云石
紫罗红花岗石
大花白云石
大花白云石
虎皮黄云石
紫罗红花岗石
幻彩绿花岗石
纯米黄云石

深色　稍深　稍浅　浅色　　地面拼花127

6. 效果图六

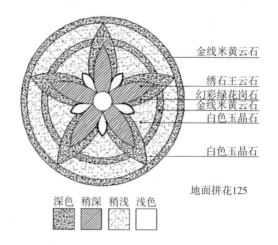

金线米黄云石

绣石王云石
幻彩绿花岗石
金线米黄云石
白色玉晶石

白色玉晶石

地面拼花125

深色	稍深	稍浅	浅色

7. 效果图七

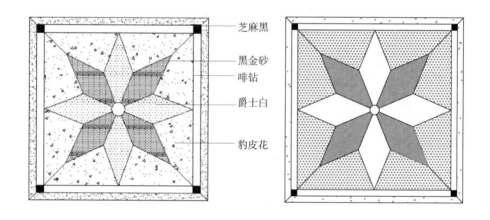

芝麻黑

黑金砂
啡钻
爵士白

豹皮花

工作页 2.1.2

班级：_____　　学号：_____　　姓名：_____

1. 单项练习题

（1）直线的画法。

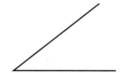

（2）曲线的画法。

（3）圆的画法。

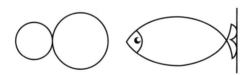

2. 填表

将所使用过的快捷键填入快捷键汇总表中。

快捷键汇总表

序号	图标	命令	快捷键	命令说明
1				
2				
3				
4				
5				
6				
7				
8				
9				
10				
11				
12				
13				
14				
15				
16				
17				
18				

信息页 2.1.2

一、12 色环图

12 色环图是由原色（primary hues）、二次色（secondary hues）和三次色（tertiary hues）组合而成的。色相环中的三原色是红、黄、蓝，彼此势均力敌，在环中形成一个等边三角形；二次色是橙、紫、绿，处在三原色之间，且与三原色共同形成一个正六边形；红橙、黄橙、黄绿、蓝绿、蓝紫和红紫六色为三次色，是由原色和二次色混合而成的。

二、12 色环图颜色搭配原则

（1）等边三角形配色：12 色环中画等边三角形进行配色。

（2）同色系配色：深浅不一的同一种颜色进行配色。

（3）相邻色配色：12 色环上相邻的颜色进行配色。

（4）对比色配色：12 色环上能连成一条直线的颜色进行配色。

（5）分裂补色配色：以 12 色环上能连成一条直线的一种颜色为主，与另一种左右相邻的颜色进行配色。

工作页 2.1.3

班级：_____   学号：_____   姓名：_____

1. 填写色环卡。

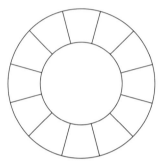

2. 根据人们的心理和视觉判断，色彩有冷暖之分，可分为哪几类？各类分别包括哪些？

....

....

....

....

3. 从下列轮廓图中任选一幅图案进行色彩搭配。

轮廓图1

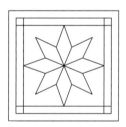
轮廓图2

轮廓图3

轮廓图4

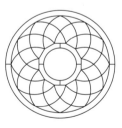
轮廓图5

工作页2.1.4

班级：_____　　学号：_____　　姓名：_____

引导知识一

水刀砂管的结构十分简单，基本上由两段构成，即锥状入口和柱状出口。因用途不同，其尺寸略有差别。其规格常用内径和外径两个指标来确定，内径和外径的比值一般是1∶3。通常来说，水刀砂管常见的内径型号有0.76 mm、0.8 mm、1.0 mm和1.2 mm，其中使用最多的是前三种。若实际使用的水刀砂管内径为1.0 mm，理论上应该在CAD制图时将图形向外或向内偏移0.5 mm。

1. 下列图形中左图为石材拼花图形，根据引导知识一，在右侧的水刀刀路图上填写合适的尺寸数值。

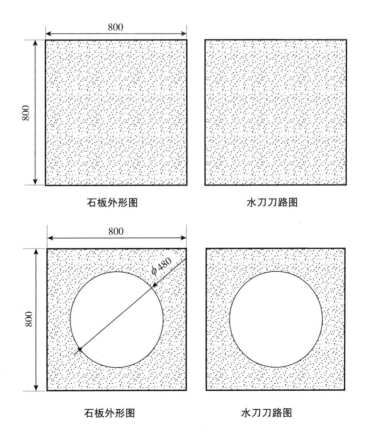

石板外形图　　　　　　水刀刀路图

石板外形图　　　　　　水刀刀路图

引导知识二

画进刀线和出刀线时，出刀线必须由工件内部向外画。具体操作为：选择进刀线→按快捷键 PE→按空格键，输入 J 命令→按空格键，添加其他想连接的线→按空格键。这样连成的多段线就会从所需的位置进刀和出刀了。如果想查看目前的多段线是顺时针方向还是逆时针方向，可以按快捷键 PE→按空格键，输入 E（端点）命令→按空格键，就会出现一个点，然后不断地按空格键，就能看见各点是向顺时针还是逆时针方向移动了。

2. 根据教师提供的拼花图案及引导知识二，用 CAD 软件绘制进刀线和出刀线，并打印粘贴在下面的粘贴处。

粘

贴

处

引导知识三

每切一个拼花之前最好先试刀，不要一次全部切出来。试刀时，可切两个方块，一个方块上是往里侧偏，另一个方块上是往外侧偏，然后将大的方块放到偏小的孔里面，看看相差多少，这是最简单的试刀方法。水刀切割出来的石材拼花零件肯定是有斜度的，切割速度越慢就越垂直。

3. 观看师傅是如何在切拼花之前进行试切的。试切的目的是什么？

4. 记录师傅切割石材拼花零件时较适合的切割速度范围。

信息页2.1.3

观看教师提供的水刀拼花绘图与编程、水刀拼花描图、椭圆万字形画法等水刀教程视频。

工作页 2.1.5

班级：_____   学号：_____   姓名：_____

1. 根据石材拼图产品效果图的轮廓图手工绘制刀路图。

2. 叙述刀路偏移修改原则。

3. 根据前面排版好的图，做刀路绘制练习。

班级：_____　　学号：_____　　姓名：_____

评 价 表

年　　　月　　　日

项次		项目要求	配分	评分细则	自评	小组评价	教师评价
1. 素养（40分）	纪律情况（15分）	按时到岗，不早退	5	违反规定每次扣5分			
		积极思考、回答问题	5	根据上课统计情况得1～5分			
		"三有一无"（有本、笔、书，无手机）	5	违反规定每项扣3分			
		执行教师指令	0	此为否定项，违规酌情扣10～100分，违反校规按校规处理			
	职业道德（10分）	能与他人合作	3	不符合要求不得分			
		主动帮助同学	3	能主动帮助同学，得3分；被动帮助同学，得1分			
		追求完美	4	对工作精益求精且效果明显，得4分；对工作认真，得3分；其余不得分			
	5S（10分）	桌面、地面整洁	5	自己的工位桌面、地面整洁无杂物，得5分；不合格不得分			
		物品定置管理	5	按定置要求放置，得5分；不合格不得分			
	信息获取能力（5分）		5	全部正确且简洁，得5分；部分正确，得1～4分；与内容不符的不得分			

项次		项目要求	配分	评分细则	自评	小组评价	教师评价
2. 职业能力（40分）	刀路设置原则	学生独立工作情况	10	能独立按原则对排版好的图画刀路，得 10 分；其他情况酌情得 1~9 分			
		两两评判，以小组为单位讨论并确定最佳刀路方案	15	能两两评判，以小组为单位讨论，确定一个最佳刀路方案的小组，得 15 分；其他酌情得 1~14 分			
		小组互评情况	10	评价最全面的小组，得 10 分；其他酌情得 1~9 分			
		完成时间	5	在规定时间内完成，得 5 分；未按时完成不得分			
3. 工作页完成情况（20分）	按时完成工作页	及时提交	5	按时提交得 5 分；迟交不得分			
		内容完成程度	5	按完成情况得 1~5 分			
		回答准确率	5	视准确率情况得 1~5 分			
		有独到的见解	5	视见解独到程度得 1~5 分			
总分							
加权平均分（自评 20%，小组评价 30%，教师评价 50%）							
教师评价签字：				组长签字：			

请你根据以上打分情况，对自己在本活动中的工作和学习状态进行总体评述（从素养的自我提升方面、职业能力的提升方面进行评述，分析自己的不足之处，描述对不足之处的改进措施）

教师指导意见：

生产规程和生产单样式

一、石材地面拼花产品生产规程

1. 工序管理（法）

（1）工序流程布局科学合理，能保证产品质量满足要求，此处可结合精益生产相关成果。

（2）能区分关键工序、特殊工序和一般工序，有效确立工序质量控制点，对工序和控制点能标识清楚。

（3）有正规有效的生产管理办法、质量控制办法和工艺操作文件。

（4）主要工序都有工艺规程或作业指导书，在工艺文件中对人员、工装、设备、操作方法、生产环境、过程参数等提出具体的技术要求。

（5）特殊工序的工艺规程除明确工艺参数外，还应对工艺参数的控制方法、试样的制取、工作介质、设备和环境条件等做出具体的规定。

（6）工艺文件重要的过程参数和特性值经过工艺评定或工艺验证；特殊工序主要工艺参数的变更，必须经过充分试验验证或专家论证合格后，方可更改文件。

（7）对每个质量控制点规定检查要点、检查方法和接收准则，并规定相关处理办法。

（8）规定并执行工艺文件的编制、评定和审批程序，以保证生产现场所使用文件的正确性、完整性和统一性，工艺文件处于受控状态，现场能取得现行有效版本的工艺文件。

（9）严格执行各项文件，及时按要求填报记录资料。

（10）大多数重要的生产过程采用了控制图或其他的控制方法。

2. 生产人员（人）

（1）生产人员符合岗位技能要求，经过相关培训考核。

（2）对特殊工序应明确规定特殊工序操作、检验人员应具备的专业知识和操作技能，考核合格者须持证上岗。

（3）对有特殊要求的关键岗位，必须选派经专业考核合格、有现场质量控制知识、经验丰富的人员担任。

（4）操作人员能严格遵守公司制度和严格按工艺文件操作，对工作和质量认真负责。

（5）检验人员能严格按工艺规程和检验指导书进行检验，做好检验原始记录，并按规定报送。

3. 设备维护和保养（机）

（1）有完整的设备管理办法，包括设备的购置、流转、维护、保养、检定等均有明确规定。

（2）有效实施设备管理办法的各项规定，有设备台账、设备技能档案、维修检定计划、相关记录，且记录内容完整准确。

（3）生产设备、检验设备、工装工具、计量器具等均符合工艺规程要求，能满足工序能力要求，加工条件若随时间变化，应及时采取调整和补偿措施，保证质量要求。

（4）生产设备、检验设备、工装工具、计量器具等处于完好状态和受控状态。

4. 生产物料（料）

（1）有明确可行的物料采购、仓储、运输、质检等方面的管理制度，并严格执行。

（2）建立进料验证、入库、保管、标识、发放制度，并认真执行，严格控制质量。

（3）转入本工序的原料或半成品必须符合技术文件的规定。

（4）所加工出的半成品、成品符合质量要求，有批次或序列号标识。

（5）对不合格品有控制办法，职责分明，能对其进行有效隔离、标识、记录和处理。

（6）生产物料信息管理有效，质量问题可追溯。

5. 生产环境（环）

（1）有生产现场环境卫生方面的管理制度。

（2）环境因素如温度、湿度、光线等符合生产技术文件要求。

（3）生产环境中有相关安全环保设备和措施，职工健康安全符合法律法规要求。

（4）生产环境保持清洁、整齐、有序，没有与生产无关的杂物，可借鉴5S相关要求。

（5）材料、工装、夹具等均定置整齐存放。

（6）能有效填报或取得相关环境记录。

二、生产单样式

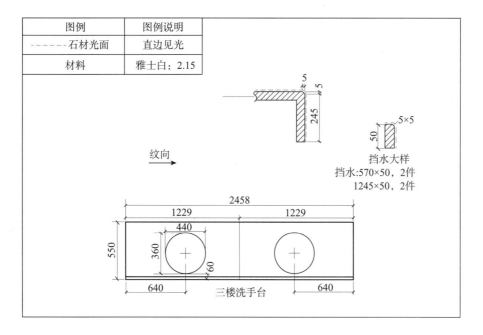

图例	图例说明
------石材光面	直边见光
材料	雅士白：2.15

纹向 →

5
5
245

5×5
50
挡水大样
挡水:570×50，2件
　　　1245×50，2件

2458
1229　　　1229
440
360
60
550
640　　　　640
三楼洗手台

工作页2.1.6

班级：_____   学号：_____   姓名：_____

各小组将修改好的最佳生产单打印出来并粘贴在下面。

粘

贴

处

班级：_____　学号：_____　姓名：_____

评 价 表

年　　　月　　　日

项次	项目要求		配分	评分细则	自评	小组评价	教师评价
1. 素养（40分）	纪律情况（15分）	按时到岗，不早退	5	违反规定每次扣5分			
		积极思考、回答问题	5	根据上课统计情况得1～5分			
		"三有一无"（有本、笔、书，无手机）	5	违反规定每项扣3分			
		执行教师指令	0	此为否定项，违规酌情扣10～100分，违反校规按校规处理			
	职业道德（10分）	能与他人合作	3	不符合要求不得分			
		主动帮助同学	3	能主动帮助同学，得3分；被动帮助同学，得1分			
		追求完美	4	对工作精益求精且效果明显，得4分；对工作认真，得3分；其余不得分			
	5S（10分）	桌面、地面整洁	5	自己的工位桌面、地面整洁无杂物，得5分；不合格不得分			
		物品定置管理	5	按定置要求放置，得5分；不合格不得分			
	信息获取能力（5分）		5	全部正确且简洁，得5分；部分正确，得1～4分；与内容不符的不得分			

项次		项目要求	配分	评分细则	自评	小组评价	教师评价
2. 职业能力（40分）	生产单制定	独立完成生产单	15	能根据生产规程和生产单样式独立完成生产单，得15分； 其他情况酌情得 1~14 分			
		两两评判，以小组为单位讨论	10	能两两评判，以小组为单位讨论，形成一个最佳生产单的小组，得10分； 其他酌情得 1~9 分			
		小组互评情况	5	评价最全面的小组，得5分； 其他酌情得 1~4 分			
		生产单打印效果	5	能正确安装打印驱动程序并打印出清晰的生产单，得5分； 打印图像模糊不得分			
		完成时间	5	在规定时间内完成，得5分； 未按时完成不得分			
3. 工作页完成情况（20分）	按时完成工作页	及时提交	5	按时提交得5分； 迟交不得分			
		内容完成程度	5	按完成情况得 1~5 分			
		回答准确率	5	视准确率情况得 1~5 分			
		有独到的见解	5	视见解独到程度得 1~5 分			
总分							
加权平均分（自评20%，小组评价30%，教师评价50%）							
教师评价签字：				组长签字：			
请你根据以上打分情况，对自己在本活动中的工作和学习状态进行总体评述（从素养的自我提升方面、职业能力的提升方面进行评述，分析自己的不足之处，描述对不足之处的改进措施）							
教师指导意见：							

学习活动二　生产单审核

信息页2.1.5

生产单规范要求

一、绘图规范要求

1. 构图

思考怎样把要画的地面的整个加工要求、拼接关系及部分造型用最简单且易懂的方式表现出来，这也是所有石材加工图的绘图宗旨。

2. 绘制

绘制过程中，根据实际情况采用的排版方法主要有以下四种。

（1）均分法。均分法是把整个地面的有效尺寸均分成若干等份的排版方法。均分排版的优点是可以较大地提高板材的出材率，降低加工难度，方便成品的包装、运输及现场安装。

（2）根据甲方的要求采用正方形规格板的排版方法。通过这种方式排版的地面，一般都不能达到用正常板面收口的要求，地面周边有小于正常板面的余量。这时就产生了两种收口方式：一种是使整个地面的两头平分余量，要注意平分后的余量不能小于正常板面的一半；另一种是用正常板面从整个地面感观比较重要的一头起排，但最后的余量要控制在不小于正常板面的1/3，否则应把最后的余量和最后一块正常板合并。

（3）错缝过渡法。在地面排版的过程中，经常会遇到从一个区域过渡到另一个区域的情况，很难做到对缝安装，此时可以用波打整板过渡。

（4）大批量标准间统一排版法。在同一项目中，因建筑误差，同一户型不同楼层的尺寸也会不一样。如果对每一套都单独出图的话，会大大增加图样绘制时间，车间加工和包装时也很容易造成混乱。这时可以对比同一户型不同楼层的尺寸，假如各个楼层的尺寸差距在10 cm以内，可以用最大尺寸的那一套作为整个户型的下单图样参照。如果尺寸差距大于10 cm，考虑到消耗过大，可以对每一套的标准板部分强行规定尺寸，全部按统一规格制图加工。例如，对地面正中拼花部分、规格板斜拼部分都可以强行规定统一尺寸。

3. 注意事项

地面加工图样的绘制过程中，特别要注意不能把楼梯踏步及门槛石中分。一是因为民间忌讳这种做法，二是因为这种做法不美观。

4. 图样的美观

（1）调整好图框的大小，在不影响图样美观的情况下，合理利用图框内的空间，做到不空框、不溢框。

（2）准确填写图框栏内容。很多时候我们都是从一个项目的图样里调用图框到另一个项目的图样里，这时更要记得更改图框栏里的内容。

（3）图样的大小要和尺寸标注协调一致，尽量把尺寸标注在图形的周边，不模糊图样的版面。大样图的标注，要和版面的标注大小一致，在同一张图样内不能有两种大小的标注。

（4）对于石材加工图样，在进入车间里时，应尽量排除与石材加工无关的内容，以减少加工工人对图样的误解。

二、生产工艺规范要求

（1）所有的材料必须符合国家有关材料要求和选用标准，并提供商品合格证。

（2）颜色必须符合要求，不得有裂纹、缺棱掉角等缺陷或其他质量问题。

（3）表面规整、颜色一致、接缝均匀、图案拼花自然。

（4）拼花和粘接宜采用人工操作方式，并应在自然光线充足的场地实施，粘接后的拼花制品应采用自然干燥固化方式处理。

（5）磨光后的大理石及花岗石板材不宜露天存放，包装后的成品应放置在设有防雨顶棚的储存场地内，宜存放在防风沙、防雨、防晒的仓库内。

（6）应按石材制品的品种、等级和规格设置独立的存储区。

学习单元三　制作拼花

学习活动一　工作准备

信息页 3.1.1

石材加工生产安全规程

一、石材加工生产安全要求

石材生产单位及生产人员必须遵守 2013 年 12 月 31 日由中华人民共和国工业和信息化部发布的《石材加工生产安全要求》标准（JC/T 2203—2013）。

二、切割机（锯工）安全操作规程

石材生产人员必须遵守《切割机（锯工）安全操作规程》。

（1）使用前，应检查并确认电动机、电缆线均正常，保护接地良好，防护装置安全有效，锯片选用符合要求、安装正确。

（2）起动后，应空载运转，检查并确认锯片运转方向正确，升降机构灵活，运转中无异常、异响，确认一切正常后方可作业。

（3）操作人员应双手按紧工件、均匀送料，在推进切割机时，不得用力过猛。操作时不准戴手套。

（4）切割厚度应符合机械出厂铭牌规定，不得超厚切割。

（5）加工件送到与锯片相距 300 mm 处或切割小块料时，应使用专用工具送料，不得直接用手推料。

（6）作业中，当工件发生冲击、跳动及出现异常声响时，应立即停机检查，排除故障后方可继续作业。

（7）严禁在运转过程中检查、维修各部件。锯台上和构件锯缝中的碎屑应采用专用工具及时清除，不得用手拣拾或抹拭。

（8）作业后，应清洗机身，擦干锯片，排放水箱中的余水，收回电缆线，并将其存放在干燥、通风处。

三、红外线切割机安全操作规程

石材生产人员必须遵守《红外线切割机安全操作规程》。

1. 开机前的检查

（1）检查刀片是否安装紧固到位，刀片是否锋利、变形。

（2）检查水电是否正常。

（3）调整机器刀片行走上、下、前、后限位。

2. 开机操作步骤

（1）打开电源旋钮。

（2）翻平工作台板。

（3）清洗工作台面上的杂物。

（4）把拟切割的石材与台面平行摆放。

（5）按激光对刀按钮，使激光光束对准石材拟切割的线路，前、后、左、右进行对齐，确保无误。

（6）设定机器的运行参数。

（7）按自动按钮起动机器。

（8）按前进或后退切割运行按钮。

（9）单片切割完成后，按关闭按钮（回车按钮）。

（10）关机。

1）每批生产结束后，关闭电源开关。

2）在生产中暂停 5 min 以上的，必须关闭电源开关。

3. 调整注意事项

（1）调整机器的运行参数。

（2）激光光束对准石材拟切割的线路，前、后、左、右进行对齐，确保无误。

（3）查看石料是否摆放平稳，确保石板与工作台面的搁放缝中无碎石、杂物。

四、磨边机安全操作规程

石材生产人员必须遵守《磨边机安全操作规程》。

1. 开机前的检查

（1）起动气源气泵，气泵的气压要求达到 0.6 ~ 0.8 MPa，接通气源三联件气路，使气压保持在 0.6 MPa 以上。

（2）检查各个磨盘是否升到上限，用手转动各个磨盘，检查其是否转动灵活、磨块座是否完好。如果发现不上升的磨盘，应对该磨盘进行检修。

（3）检查皮带、输送带是否有破裂和残留有杂物、碎石。

（4）关闭各种门盖。

2. 开机操作步骤

（1）开启主电源开关和各个控制电源开关。

（2）选择设定主传动控制面板的自动、手动模式，将旋钮拧开到手动、自动位置。

（3）注意控制磨头气压，磨头压力正压为 0.2 ~ 0.25 MPa、负压为 0.1 ~ 0.15 MPa 时才能磨光。

（4）经常检查各个磨头部位的螺钉紧固情况。

3．调整注意事项

（1）注意调整磨头的压力，防止因压力过大导致产品被压碎、破裂。

（2）磨好产品的光度和表面痕迹。

（3）避免产品在输送带上行走时发生磕碰、破角。

五、切边机安全操作规程

石材生产人员必须遵守《切边机安全操作规程》。

1．目的

确保切边机的安全运行处于受控状态，从而保证产品的稳定性和可靠性。

2．范围

本规程适用于切边机的安全运行和操作以及新员工培训。

3．切边机安全操作规程的内容

（1）设备开动前用手动机油泵按规定加油。

（2）观察飞边装置的括板是否贴合床面，不贴合时应通知机修工进行检修。

（3）打齿轮时应注意顶料拉杆的调节高度是否合适，如不合适，可能会造成事故。

（4）当发现锻坯过大、锻头飞边太长与床身相碰时，不能进行切边。

4．各部件介绍

（1）切刀的安装和更换。

1）先把气缸顶部的螺母调到最低位置，关掉气源，用5号内六角扳手沿逆时针方向把锁切刀的螺钉逐一拆下，操作时注意避开切刀以防伤手，取下切刀后注意保护好切刀刃口。

2）安装前把切刀和安装座清理干净，再按照上面的步骤装上切刀。

（2）切刀间隙的调节。先把上切刀压下，稍微松开调刀座螺钉。如果间隙过大，则把后顶丝松开，把前顶丝拧紧；若间隙过小，则把前顶丝松开，把后顶丝拧紧；调到合适的间隙后，再把调刀座螺钉拧紧。注意每次调的量不宜过大，以防撞坏切刀刃口。

（3）气缸速度的调节。沿顺时针方向拧气缸的上调速阀时，切刀下压速度变慢，反之变快。沿顺时针方向拧气缸的下调速阀时，切刀抬起速度变慢，反之变快。调好后应把调速阀的小螺母拧紧。

5．操作步骤及注意事项

（1）开机前接入气源，并调好气压和上切刀切下行程（行程小则有的石材切不断，行程大则切刀易损坏）。

（2）根据电芯的要求设置好裁边宽度（松开下切刀前面定位条两端的螺钉，调好定位条与下切刀后刃的距离后，再锁紧两端螺钉即可）。

（3）调整气缸上的节流阀，选择适当的剪切速度。

（4）把要裁边的电芯放置好，然后踩动脚踏开关，进行裁剪。

（5）裁边完成后，刀片复位，取出电芯。

（6）机器不用时注意断开气源。

（7）注意事项。

1）当机器运行异常或出现意外时，马上停机断气修理。

2）此机器除规定用途外，不得另做他用。

3）此机器由一人操作，使用时注意安全。

4）非操作人员不能离机器太近，更不能将身体伸进机器内。

5）非技术人员严禁调机，以免造成事故。

6. 机器的安装及调试事项

（1）机器安置在硬实的工作台上，并尽量使机台水平。

（2）调节刀位时，须小心对齐上下刃口，最好降低气压调刀。

（3）直线轴承是本机的精密部件，不能敲打。

（4）调整至适当的剪切速度。

7. 故障分析及处理方法

（1）切不断铝塑膜。检查切刀切下的行程是否足够、切刀是否已磨损、切刀间隙是否过大、气压是否过小。

（2）操作时机器无反应。确认气源是否已接通，再检查气控阀和气动脚踏开关是否被异物堵塞。

8. 机器的维护与保养

（1）保持机器的清洁。

（2）每半月至少检查一次各螺钉是否松动。

（3）建议每周检查一次切刀间隙及切刀是否有磨损。

（4）每周加少许润滑油脂于导柱导套上。

（5）严防在其他异物进入上下切刀之间的情况下进行裁切。

工作页 3.1.1

班级：_____　　学号：_____　　姓名：_____

1. 建筑装饰石材产品安全使用等级分为哪三级？如何划分？

....

....

....

2. 安全劳保穿戴正误判断，在项目框里正确的打"√"，错误的打"×"。

项目		
安全帽的使用		
安全后果	安全帽佩戴不当，容易使安全帽滑落造成头部伤害，起不到应有的保护作用	

项目		
安全帽的使用		
安全后果	女工进入车间时未把长发收入安全帽内，头发容易被机器卷入而造成安全隐患	

项目		
耳塞的使用	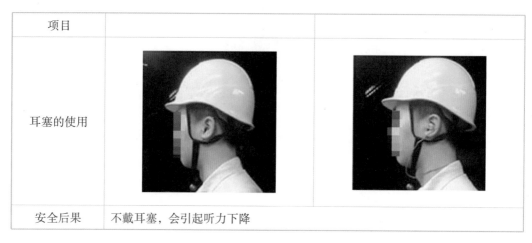	
安全后果	不戴耳塞，会引起听力下降	

项目		
工作服的穿着：要求"三紧"，即领口、袖口、下摆处的扣子都必须扣好	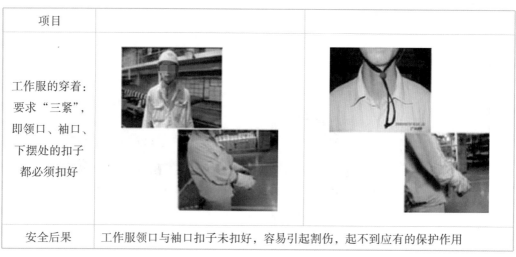	
安全后果	工作服领口与袖口扣子未扣好，容易引起割伤，起不到应有的保护作用	

项目		
手套的使用	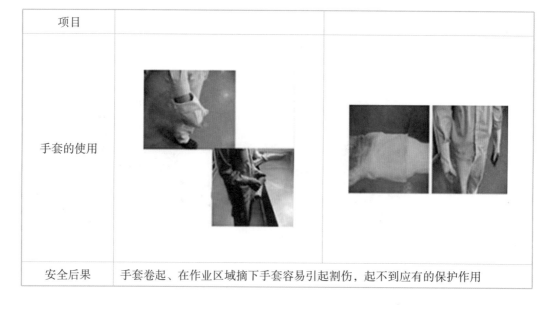	
安全后果	手套卷起、在作业区域摘下手套容易引起割伤，起不到应有的保护作用	

项目		
劳保鞋的使用：劳保鞋破裂须及时更换，以免脚部被零件或废料割伤、划伤		
安全后果	穿破裂的劳保鞋，容易引起割伤，起不到应有的保护作用	

项目		
打磨作业（必须佩戴防护眼镜、口罩）	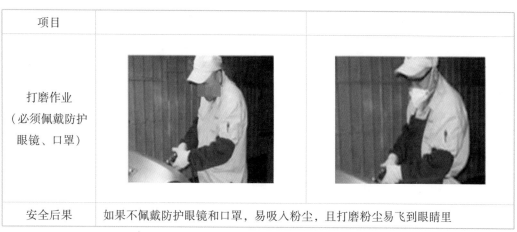	
安全后果	如果不佩戴防护眼镜和口罩，易吸入粉尘，且打磨粉尘易飞到眼睛里	

3. 先阅读引导知识"粉尘对人体的危害"，然后归纳粉尘对人体肺部的危害。

引导知识

在各种环境污染中，最难防范的就是粉尘污染，粉尘随时随地都在对人体和动物造成伤害，因为粉尘污染伴随空气而存在。粉尘对人体的危害，根据其理化性质、进入人体的量的不同，可引起不同的病变。可吸入颗粒物被人吸入后，会累积在呼吸系统中，引发多种疾病。例如，粗颗粒物可侵害呼吸系统，诱发哮喘病；细颗粒物可能引发心脏病、肺病、呼吸道疾病，降低肺功能等；粉尘引起的肺部疾患可分为三种情况。第一种是尘肺，这是主要的职业病之一，我国已将其列入法定职业病范畴。这种病是由于较长时间吸入较高浓度的生产性粉尘所致，能引起以肺组织纤维化为主要特征的全身性疾病。由于粉尘种类繁多，尘肺的种类也很多，主要有矽肺、石棉肺、滑石肺、云母肺、煤肺、煤矽肺、炭素尘肺等。第二种是肺部粉尘沉着症，它是由于吸入某些金属性粉尘或其他粉尘而引起粉尘沉着于肺组织中，从而呈现异物反应，其危害比尘肺小。第三种是粉尘引起的肺部病变反应和过敏性疾病。这类疾病主要是由有机粉尘引起的，如棉尘、麻尘、皮毛粉尘、木尘等。建议平时戴口罩，尽量不要吸烟，定期体检身体，发现问题及时治疗。

工作页 3.1.2

班级：_____　　学号：_____　　姓名：_____

在下面空白处记录企业水刀工作现场安全注意事项。

工作页 3.1.3

班级：＿＿＿＿＿＿＿　　学号：＿＿＿＿＿＿＿　　姓名：＿＿＿＿＿＿＿

以小组为单位，在下面空白处手工绘制工作区布局图，要求包含机位、安全通道、作业位、工具摆放区、成品区、废品区等。

信息页 3.1.2

一、起重机安全操作规程

1. 范围

本规程规定了门式起重机的施工要求、施工和吊装过程控制、检验及交付要求。

本规程适用于起重量不大于 50 t 的拼装式门式起重机（以下简称起重机）。

2. 引用标准

《门式起重机安装检验规程》（QJ/HLJ 1.7—2004）。

3. 要求

（1）施工人员的配备。

1）起重量不大于 20 t 的起重机，应配备安装人员 2~3 人，辅助工 5~6 人。

2）起重量为 20~50 t 的起重机，应配备安装人员 3~4 人，辅助工 5~8 人。

3）指派一名施工负责人，负责现场施工、统筹技术和安全生产。

（2）安装人员的工种。安装人员应包括电焊工、电工、安装维保和检验人员，可以兼职，但必须有相应特种作业操作证书。检验人员须持有本公司的上岗证。

（3）履行告知手续。应协同用户向当地的市级质量技术监督局进行备案，履行告知手续，方可施工。

（4）进行技术和安全交底。

1）应有必要的技术文件资料，包括产品总图和必要的部件图等。

2）施工前，应由技术部和售后服务部的负责人对施工人员进行技术和安全交底。

3）现场施工人员应戴安全帽，高空作业时应系保险带。

（5）施工现场的准备。

1）应确保通路、通电和通水。

2）应有施工机械的作业空间及安装设备的充裕的平整场地。

4. 施工过程控制

（1）起吊设备、驾驶员和起重工。起吊设备为外包项目，应对设备的技术参数和状态、人员的资质予以验证。

（2）土建工程和轨道的铺设。土建工程和轨道的铺设为外包项目，应对其进行验收。验收按 QJ/HLJ 1.7—2004 的规定。

（3）检验测量用装置。应配备万用表、绝缘电阻测量仪、经纬仪、水准仪、钢卷尺、钢直尺、塞尺和游标卡尺等检验测量用装置，应经计量检定合格，并在检定有效期内。

（4）质量控制点。

1）施工前，应按配置清单核对零部件。

2）支脚与主梁的拼装：①根据门脚的高度和地基的实际情况，进行预埋或预制地锚装，以便固定支脚缆绳；②缆绳夹角应在 35°~40° 的范围内，支脚高度为 1~10 m 时，单边缆绳应为 2~3 根，钢丝绳尺寸为 φ13 mm；③准备 4~8 台 1 t 的手拉葫芦，置于缆绳下部，用来调节支脚垂直度。

3）行走大车平衡梁的安装：①将行走大车的平衡梁吊装在轨道上，用水准仪在平衡梁一平面上找平；②用钢卷尺测量平衡梁支座的对角线，并调整对角线，使两对角线尺寸之差不大于 5 mm，然后用方木将大车垫实。

4）支脚的拼装：①按编号进行拼装；②有调节功能的支脚，应把八孔支承架安装到位；③根据门脚的实际高度，将缆绳固定。

5）主梁的拼装：①按编号进行拼装；②安装支承架、天车行走钢轨；③配有副钩的，应对工字钢、电动葫芦和滑导钢丝绳等进行安装和调整。

5. 吊装过程控制

（1）门脚的吊装。

1）起吊高度不大于 13 m 的门脚，采用 8~16 t 的汽车起重机；门脚高度大于 14 m 时，采用 25~50 t 的汽车起重机。

2）起吊时，在门脚中心最高点装钩并捆绑牢靠，由现场负责人指挥安装就位。

3）用经纬仪或铅垂线法，检查并调整门脚与水平面的垂直度误差，要求小于 0.5 mm/1000 mm。

4）用螺栓联接固定，并用缆绳拉紧稳定后，方可松钩。

（2）主梁的吊装。

1）起吊跨距 18~36 m、高度 6~14 m 的主梁时，采用 16~25 t 汽车起重机 2 台；主梁跨距为 30~42 m、高度为 15~20 m 的，采用 50 t 汽车起重机 2 台。

2）由有经验的、持证的起重工指挥起吊。

3）起吊时，吊点选在距主梁两端 2~2.5 m 处，并在起吊的钢丝绳处垫以软物。

4）按主梁的重量选配起吊钢丝绳，并检查钢丝绳是否有断丝和打结现象。

5）起吊时，先吊高 0.5~1 m 处，上下试吊 3~5 次。确认无误后，方可慢速升高就位。

6）用高强度螺栓进行紧固联接，再用四孔支承架进行两端封门联接。

（3）天车的吊装。

1）调整天车行走轨道，使轨距误差在 ±3 mm 的范围内，将天车吊装就位。

2）按顺序安装爬梯、操作室、电控柜接线、绕线器等。

3）对减速器和各润滑点加润滑油。

4）通电后，试运转天车的卷扬机。

5）将钢丝绳的扭力排除，吊穿动滑轮组，并用绳卡将钢丝绳终端锁紧，绳卡的数量按规定确定。

为了确保起重机械安全运行，并充分发挥其最大工作效能和延长其使用寿命，以实现安全、文明生产，还应遵守各项规定、规程、法规。

二、驾驶员岗位责任制

（1）起重机驾驶员应经过一定时间的训练，了解其所驾驶的起重机的结构、性能，经考试合格后，才能独立操作。

（2）必须严格执行各项规章制度。

（3）严守工作岗位，不得无故擅自离开起重机。

（4）密切注意起重机的运行情况，如果发现设备、机件有异常现象或故障，应设法及时排除故障后继续使用，严禁带故障运行。

（5）起重机进行机修或大修时，驾驶员除了完成本职工作外，还应配合修理工一起工作，并参加验收工作。

（6）做好起重机的保养工作。

三、交接班制度

交接班制度非常重要，应按照实事求是的原则填写当日工作情况、设备运行情况以及设备检查情况，确保接班驾驶员的安全生产。

1. 交班驾驶员

（1）将空钩起升到接近上限位置，停在规定地点，小车停在操纵室一边，各控制器复零位，关掉各种开关。

（2）交班前应有 15 ~ 20 min 的清扫和检查时间，检查设备的机械和电气部分是否完好，同时做好清洁工作。

（3）详细记录当班日报（工作情况、设备运行情况及设备存在的问题或需要立即排除的故障等）。

2. 接班驾驶员

（1）认真听取交班驾驶员陈述的工作情况和查阅交班记录。

（2）检查起重机操纵系统是否灵活可靠、制动器的制动性能是否良好。

（3）检查固定钢丝绳是否牢靠、卷筒钢丝绳排列是否正确。

（4）使用前进行空载运行检查，特别是限位开关、紧急开关、行程开关等是否安全、可靠。如有问题，修复后方可操作使用。

（5）对于上述检查，双方均认为正常无误，且交接班驾驶员均在工作日报上签字后，交班驾驶员才能离开岗位。

四、起重机安全技术规程

（1）每台设备必须由经有关部门确认的、持有驾驶员操作证的专职驾驶员操作。

（2）在起重机的明显部位，必须挂有从地面看得清楚的起重量的标牌。

（3）起重机禁止超负荷使用。

（4）必须垂直于地面起升重物，禁止斜拉斜吊。

（5）禁止吊具与人力同在车厢内，或在料仓内装卸物料。

（6）起重机工作时，禁止任何人停留在起重机上、小车上和起重机轨道上。

（7）吊运的重物应在安全通道上运行。在没有障碍的路线上运行时，吊具或重物的底面必须起升到离工作面 2 m 以上。

（8）在运行线路上需要越过障碍物时，吊具或重物的底面应起升到比障碍物高 0.5 m 以上。

（9）禁止吊运重物从人头上方越过，禁止任何人在重物下面停留或工作。

（10）禁止利用起重机吊举运送或起升人员。

（11）禁止在起重机上存放易燃（如煤油、汽油等）、易爆物品。

（12）吊具处在下极限位置起升重物时，卷筒上除固定用的钢丝绳外，还应有 2 圈以上的安全圈。

（13）起升液态金属、有害液体或重要物品时，不论重量多少，均必须先起升 200 ~ 300 mm，验证制动器工作可靠后再正式起升。

（14）起重机上的制动器若失灵或没有调好，则禁止工作。

（15）在正常情况下，不应依靠各限位开关来停车。

（16）禁止从起重机上向地面扔任何物品。

（17）工具及备品等必须存放在专用箱中，禁止散放在大车或小车上。

（18）露天工作的门式起重机桥架高 20 m 以下时，其工作风力应不大于 6 级。

（19）露天工作的起重机不工作时，必须采用夹轨器或其他固定方法将起重机可靠地固定住，以防风灾。

（20）对起重机进行检查或修理时，起重机必须断电，并在电源开关处挂上"不准送电"的警示牌。多机由同一电源供电时，应将警示牌挂在待修理起重机的配电箱的电源开关上，并在起重机两侧设置阻挡器、标识牌和信号灯，必要时设专人守卫和指挥，以防邻机碰撞。

（21）必须带电修理时，应戴上绝缘手套和穿上绝缘鞋。

（22）修理用的照明灯电压应控制在 36 V 以下。

（23）能够导电的电器设备的金属外壳必须接地。

（24）起重机的操纵室中和走台上应备有灭火器。应设有安全绳，以备特殊情况时上下车用。

（25）每年至少对起重机进行一次全面的安全技术检查。

五、起重机的操作注意事项

（1）应严格遵守起重机安全技术规程。

（2）应了解所用起重机的构造和性能，熟悉其工作原理和操纵系统。掌握安全装置的功用和正确的操作方法，做到精心保养和及时维修。

（3）如果有人违反起重机安全技术规程，盲目指挥时，驾驶员应拒绝吊运。

（4）驾驶员应熟记指挥工的指挥信号（手势、哨音、旗语等），并应与指挥工密切配合。

（5）在下列情况下，驾驶员应发出警告信号。

1）起重机起动送电时。

2）在同一层或另一层靠近其他起重机时。

3）在起升或下降荷载时，或大车、小车行走时。

4）荷载在吊运过程中接近地面人员时。

5）吊运安全通道上有人工作或有人走动时。

（6）龙门架或起重吊机进行悬臂拼装时，应遵守下列规定。

1）吊机的定位、锚固应按设计进行，并进行静载试验。

2）拼装使用的机具设备均应经过检查，当有隐患及不符合安全规定时不得使用。

3）构件起吊前，应对构件进行全面检查，如吊环部位有无损伤、接合面有无凸出外露物、构件上有无浮置物件等。

4）应垂直起吊构件，并保持平衡稳定。在接近安装部位时，不得碰撞已安装完的构件和其他作业设施。

5）运送构件的车辆（或船只），构件起升后应迅速撤出。

（7）遇有下列情况时，现场指挥人员必须在妥善处理构件后，暂时停止吊装作业。

1）天气突然变化，影响作业安全。

2）卷扬机、电动机过热，或其他机械设备出现故障等。

（8）拆除硫磺砂浆临时支座，除按"高处作业"的安全要求施工外，还应符合下列规定。

1）采用电热法熔化硫磺砂浆垫块时，电热丝不得与其他金属物接触。

2）作业时人员应站在上风处操作，并应配戴安全防护用品。

3）悬挂支承点必须牢固，使用三角架悬挂时，基础应坚实，三个支架腿受力要均匀，防止滑动和倾覆。

4）严禁斜拉重物。

5）重物吊起后发生卡链时，应在重物下方支垫后进行检查修理，不得硬拉。

（9）正确使用千斤顶。

1）顶升重物必须在重心位置；使用千斤顶纠正偏斜物体时，放置千斤顶的台座必须坚固可靠。

2）顶升重物过程中，千斤顶出现故障时，应在重物支垫稳固后，再取出修理。

3）用多台千斤顶（升）起同一重物时，动作应同步、均衡。

（10）高处作业。

1）高处作业的含义和级别划分应符合现行国家标准《高处作业分级》（GB/T 3608—2008）的规定。

2）悬空高处作业必须设有可靠的安全防护措施。

悬空高处作业包括：在开放型结构上施工，如在高处搭设脚手架等；在无防护的边缘上作业；在受限制的高处或不稳定的高处作业；在没有立足点或没有牢靠立足点的地方作业等。

3）从事高处作业的人员要定期或随时体检，若发现有不宜登高的病症，则不得从事高处作业。严禁酒后登高作业。

4）高处作业时不得穿拖鞋或硬底鞋。所需的材料要事先准备齐全，工具应放在工具袋内。

5）高处作业所用的梯子不得缺档和垫高，同一架梯子上不得有两人同时上下，在通道处（或平台）使用梯子时应设置围栏。

6）高处作业过程中与地面联系，应有专人负责，或配有通信设备。

7）运送人员和物件的各种升降电梯、吊笼应有可靠的安全装置，严禁人员乘坐运送物件的吊笼。

（11）其他。高温季节施工，应按劳动保护规定做好防暑降温措施。适当调整作息时间，尽量避开高温时间。有条件的宜搭设凉棚，供应冷饮，准备防暑药品等。

工作页 3.1.4

班级：_____　　学号：_____　　姓名：_____

1. 记录小组讨论汇总的起重机操作安全注意事项。

2. 记录回校后小组讨论汇总的水刀操作安全注意事项。

一、水刀的操作规程

1. 班前注意事项

（1）开机前检查设备的水、电、气是否供应正常，有无泄漏等现象。

（2）检查水刀行程范围中有无遮挡物。

（3）操作人员须具备相关常识，无关人员禁止开机操作。

（4）水刀加砂时，应检查水刀砂是否干燥、无杂质。

（5）操作人员须规范着装，佩戴劳保手套和护目镜。

2. 班中注意事项

（1）在切割工件的过程中，操作人员以及无关人员应和设备保持一定的距离。

（2）切割较小、较轻的工件时，应采取固定措施，防止在切割过程中工件移位。

（3）保证被切割工件摆放平整，避免切割砂管损坏，造成安全事故。

（4）在切割过程中，如发现工件被冲击走位，禁止利用其他物件去校正。

（5）在取料、换喷嘴前，一定要关闭高压水开关，等残留的高压水卸压后再进行操作。

（6）在使用水刀切割时，应根据不同材料选择不同的压力进行操作。

（7）在使用水刀的过程中，要注意水刀的增压器和高压管的工作密封情况。

（8）在紧急停电时，高压水会残留在高压系统里，一旦来电，残留的高压水会喷出，此时不能靠近切割头。重新接通电源后，需先将残留的高压水排出。

（9）操作人员须经常观察设备运行状态指示灯的显示情况。

（10）水刀加工好的工件边缘都十分锋利，因此应高度注意，避免被划伤或割伤。

3. 班后注意事项

（1）及时清理切割后余留的边角料，并摆放好加工完毕的工件。

（2）切断电源，关闭高压系统开关。

二、水切割加工操作规程

为保证公司水切割外接加工按时按质完成，杜绝不合格品的产生，特制定本规程。

（1）画图人员对所有来料加工的材料，对照图样进行检查，并严格按照客户的图样要求进行编程、切割。如对图样有疑问，应及时当面与客户进行沟通，在客户确认图样无任何问题后方可切割；如无法当面沟通，可通过电话与客户联系，并在图样上做好标识。否则，所产生的损失由个人承担。

（2）水切割操作工在正式切割前应首先进行模拟，并对照图样进行检查，确认无差错后再进行切割；切割好后进行首检，待首检合格后，再进行批量切割；在加工过程中进行抽检。对于贵重的材料，应首先用木板试切割，符合加工要求后再正式切割。否则，产生的损失由操作者承担。

（3）做好交接班工作。交班时，交班者应将切割的图样、已切割数、抽检情况、设备运行情况向接班者交代清楚；接班者应首先按照图样对交班者所切割的产品进行检验，然后再进行切割。如不检验，所产生的损失由交接班者共同承担。

（4）操作者应清洗干净切割好的成品，同时对因断砂而造成的毛刺进行打磨，清点加工数量和加工长度，然后移交库房保管员。

（5）操作者应对需更换的配件开具领料单后向仓库领取，并上交已报废配件；仓库人员收取报废配件后应单独存放，定期填写报废单申请报废；如因个人原因导致报废，由当事人说明情况，填写报废申请单，由生产副总审核确认报废，同时由责任人承担相应的责任。

（6）操作者完成切割任务后，应立即清扫设备周围现场，做到地面干净、无积水，加工件摆放整齐，加工图样单独存放、不得丢失。

（7）做好设备的维护保养。

（8）如果由于人为原因造成报废，相关责任人应承担材料费和加工费。

（9）如有客户来切割样品，应提前做好准备，保证设备处于完好状态。

三、水刀加工工艺

1. 上班开机之前的准备工作

（1）开高压进水、冷却水、气泵、电源，检查供砂状态。

（2）冬天起动油泵 3~5 min 后开高压，检查增压器是否正常。

（3）模拟要切割的图形，检查图形是否正确，如有误应马上请绘图人员进行修改；模拟时把速度修改到 1500 mm/min，机床倍率为 1.5。

（4）如有问题应马上提出并及时解决，以上工作准备好后方可开机切割工件。

2. 客户来料及加工图样的审核

（1）客户送来材料时，应对该材料的表面进行观察，检验是否有损伤；核对加工图样与材料，看是否能达到客户要求的产品数量，如有疑问须及时向客户询问清楚。

（2）送来的材料应放在指定的区域，摆放整齐，避免划伤或损坏。

（3）想客户所想，做好套材。

3. 切割工件时的注意事项

（1）切割时，刀头到工件的距离一般为 4~8 mm。

（2）起动机床前注意左右前后方向上是否会撞到物品。

（3）切割工件时应及时测量工件尺寸是否达到图样要求。工件切割好以后应及时清理表面的泥砂，清理好以后把图样与工件放在指定位置，并且向下一道工序人员交代清楚。

信息页 3.1.4

查阅"NC studio V9 软件基本功能的操作步骤"文件。

工作页 3.1.5

班级：_____ 学号：_____ 姓名：_____

1. 汇总导入生产单的步骤，并记录在下面空白处。

2. 记录回校后小组讨论汇总的结果，把 NC studio V9 软件基本功能的操作注意事项记录在下面空白处。

学习活动二　水刀（超高压水射流切割机）切割板材

信息页 3.2.1

一、卸下地面拼花切件的操作要领

（1）卸件的先后顺序：先取出边缘废料，放置在废料斗车上，再取出细小件，然后取出其他切件。

（2）尖角部位应完整。

（3）核对生产单编号并卸件。

（4）分类摆放。要按编号大小分类摆放切件。

（5）清理边角料。把边角料放置在指定的地点。

二、卸下地面拼花切件的注意事项

（1）卸件时应从四周边缘开始，逐步向中间卸下切件，不得从中间向四周边缘卸件。

（2）必须特别注意尖角部位是否完整，如有缺失，必须及时找出并与相应的切件放在一起。

（3）卸件与生产单编号相对应。

（4）不要乱放切件，以免影响拼接。

（5）清理后的边角料应及时运走处理。

工作页 3.2.1

班级：_____   学号：_____   姓名：_____

根据所学知识并上网搜索水刀找正及对刀步骤的相关内容，完成下列表格内容。

	水刀找正步骤	注意事项
水刀找正	1.	
	2.	
	3.	
	4.	
	5.	
	6.	
	7.	
	8.	
	9.	
	10.	

	水刀对刀步骤	注意事项
水刀对刀	1.	
	2.	
	3.	
	4.	
	5.	
	6.	
	7.	
	8	
	9	
	10.	

工作页 3.2.2

班级：_____　　学号：_____　　姓名：_____

在完成操作水刀机切割石材的学习后，完成下列表格内容。

	操作内容	注意事项
水刀机切割石材	1. 正常水压值/MPa	
	2. 正常气压值/MPa	
	3. 疏通砂管	
	4. 刀头高度/mm	
	5. 切削速度/（mm/s）	
	6. 调整挡板位置	

工作页 3.2.3

班级：_____   学号：_____   姓名：_____

简要叙述卸下地面拼花切件时的注意事项。

1. 按先后顺序卸件时，注意事项有哪些？

_____

_____

_____

_____

2. 卸下尖角部位时，注意事项有哪些？

_____

_____

_____

3. 核对生产单编号和卸件时，注意事项有哪些？

_____

_____

_____

4. 分类摆放时，注意事项有哪些？

_____

_____

_____

5. 处理清理后的边角料时，注意事项有哪些？

_____

_____

_____

工作页 3.2.4

班级：_____ 学号：_____ 姓名：_____

完成水刀机维护检查表。

水刀机维护检查表

序号	维护检查项目	是否正常	不正常原因	解决措施
1	水压表			
2	气压表			
3	通砂管			
4	高压水泵声音			
5	增压器温度			
6	蓄压器	蓄压器处漏水	增压器密封件损伤	更换密封件
7	高压水管路			
8	油压管路			
9	工作油温			
10	喷嘴	喷嘴前端漏水	启闭阀动作不良	

学习活动三　打磨切料

信息页 3.3.1

手提角磨机安全操作规程

（1）使用角磨机前应仔细检查保护罩、辅助手柄，必须完好无松动。

（2）插上插头之前，务必检查机器开关是否处于关闭的位置。

（3）安装砂轮片前，应注意是否有受潮和缺角等现象，并且必须安装得牢靠无松动，严禁不使用专用工具而用其他工具敲打砂轮夹紧螺母。

（4）使用的电源插座必须装有漏电保护装置，并检查电源线有无破损现象。

（5）在使用角磨机前必须开机试转，检查砂轮片运行是否平稳正常；检查电刷的磨损程度，如果磨损严重，应由专业人员及时更换。确认无误后方可正常使用。

（6）在操作角磨机时，严禁使磨切方向对着周围的工作人员及一切易燃易爆危险物品，以免造成不必要的伤害。保持工作场地干净、整洁。

（7）打磨前夹紧工件，砂轮片与工件的倾斜角度以 30°~40°为宜。切割时勿重压、勿倾斜、勿摇晃，根据工件的材质适当控制切割力度。保持砂轮片与板料切口平行，不可以侧压方式歪斜下切。

（8）使用角磨机时切记不可用力过猛，要徐徐均匀用力，以免发生砂轮片撞碎的现象。如出现砂轮片卡阻现象，应立即将角磨机提起，以免烧坏角磨机或因砂轮片破碎而造成安全事故。

（9）严禁使用无安全防护罩的角磨机，防护罩出现松动且无法紧固时严禁使用并应找专人及时修理，严禁操作者擅自拆卸角磨机。

（10）角磨机工作时间较长，机体温度大于 50 ℃并有烫手的感觉时，应立即停机，待自然冷却后再使用。

（11）操作角磨机时必须配戴防护眼镜及防尘口罩，防护设施不到位不准作业。

（12）更换砂轮片时必须关闭电源，确认无误后方可进行更换；务必使用专用工具拆装，严禁乱敲乱打。

（13）定期检查传动部分的轴承、齿轮及冷却风扇叶片是否灵活完好，适时对转动部位加注润滑油，以延长角磨机的使用寿命。

（14）打开开关之后，等待砂轮转动稳定后方可操作。

（15）留长发的操作人员一定要先把头发扎起来。

（16）连续工作 30 min 后要暂停 15 min。

（17）不能手持小零件在角磨机上进行加工。

工作页 3.3.1

班级：_____　　学号：_____　　姓名：_____

1. 学习手提角磨机安全操作规程后，完成下列填空。

（1）手提角磨机要有_____，应经常检查，以保证正常运转。

（2）更换新砂轮时，应_____；安装前应检查_____是否有裂纹，若肉眼不易辨别，可用坚固的线绳把砂轮吊起，再用一根木头轻轻敲击，静听其声。

（3）角磨机必须有牢固合适的_____，托架距砂轮不得超过 5 mm，否则不得使用。

（4）安装砂轮时，螺母不得过松或过紧，使用前应检查_____是否松动。

（5）砂轮安装好后，一定要_____试验 2 ~ 3 min，看其运转是否平衡，保护装置是否妥善可靠。在测试运转时，应安排两名工作人员，其中一人站在砂轮侧面开动砂轮，如有异常，由另一人在配电柜处立即切断电源，以防发生事故。

（6）使用角磨机时要戴_____，不得正对砂轮，而应站在砂轮侧面。使用角磨机时，不准戴_____，严禁使用棉纱等物品包裹刀具进行磨削。

（7）使用角磨机前，应检查_____是否完好（不应有裂痕、裂纹或残缺），砂轮轴是否安装牢固、可靠，角磨机与防护罩之间有无杂物，是否符合安全要求，确认无问题后，方可开动角磨机。

2. 下图为角磨机结构图，在图片周围标注各部位的名称。

信息页 3.3.2

一、使用角磨机时的注意事项

（1）开动砂轮后必须先运行 40～60 s，待转速稳定后方可磨削；操作者应站在砂轮的侧面，不可正对砂轮，以防砂轮片破碎，飞出伤人。

（2）禁止两人同时操作，不允许戴手套操作，严禁聚集操作以及在磨削时嬉笑打闹。

（3）磨削时人的站立位置应与角磨机成一夹角，且接触压力要均匀。严禁撞击砂轮，以免碎裂。砂轮只限于磨石料，不得磨笨重的物料、薄铁板、软质金属材料（铝、铜等）和木质品等。

（4）磨切削刃时，刀具应略高于砂轮中心位置。不得用力过猛，以防滑脱伤手。

（5）砂轮不准沾水，要保持干燥，以防湿水后失去平衡而发生事故。

（6）不允许在角磨机上磨削较大较长的物体，防止振碎砂轮，飞出伤人。

（7）不得单手持工件进行磨削，以防工件脱落在防护罩内，卡破砂轮。

二、水刀拼接要求

切割完毕后是拼花工序。拼花是一个纯手工操作的大工序。拼花前，须将切割出来的拼件的底部边缘打磨圆滑，使拼花时容易摆放。拼花时，一定要根据计算机绘制的图样，按正确的编号进行试拼，即拼图排版。石材拼花试拼完成后用树脂定型，等树脂晾干后再将其放到定厚机上定厚，补色，然后抛光、切边。计算机绘制的图样如下图所示。

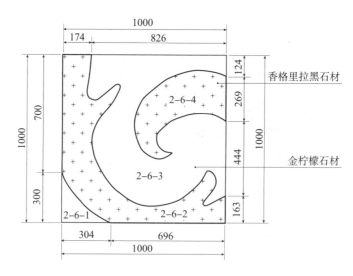

工作页 3.3.2

班级：_____　　学号：_____　　姓名：_____

1. 根据角磨机使用时的注意事项，完成下列填空。

（1）开动砂轮后必须先运行 40~60 s，待转速稳定后方可磨削。

（2）禁止两人同时操作，不允许戴_____操作，严禁聚集操作以及在磨削时嬉笑打闹。

（3）磨削时人的站立位置应与角磨机成一_____，且接触压力要均匀，严禁撞击砂轮，以免碎裂。砂轮只限于磨刀具，不得磨笨重的物料、薄铁板、软质金属材料（铝、铜等）和木质品等。

（4）磨切削刃时，刀具应略高于砂轮中心位置。不得用力过猛，以防滑脱伤手。

（5）砂轮不准_____，要保持干燥，以防湿水后失去平衡而发生事故。

（6）不允许在角磨机上磨削较大较长的物体，防止振碎砂轮，飞出伤人。

（7）不得_____持工件进行磨削，以防工件脱落在防护罩内，卡破砂轮片。

2. 根据水刀拼接要求，完成下列填空。

（1）拼花前，须将切割出来的拼件底部边缘打磨_____，目的是使拼花时容易_____。

（2）拼花一定按_____进行试拼，也就是拼花排版。

（3）拼花场地要求平整、无杂物、无水分，拼花排版前要在场地上铺上干净的_____，同时必须准备好石材挡条。

（4）为防止由于尺寸加工错误、加工误差大以及色差等原因，使石材拼花无法粘接或拼花粘接完成后无法修补而导致石材浪费，在拼花粘接前应先进行_____。

学习活动四　拼接切料

信息页 3.4.1

一、配色

颜料三原色基本配色：

（红色）＋（黄色）＝（橙色）　　　（蓝色）＋（红色）＝（紫色）

（蓝色）＋（黄色）＝（绿色）　　　（红色）＋（黄色）＋（蓝色）＝（黑色）

常用配色表

颜色	配色	颜色	配色
蓝绿色	草绿色＋天蓝色	粉玫瑰红色	纯白色＋玫瑰红色
朱红色	柠檬黄色＋玫瑰红色	暗红色	玫瑰红色＋纯黑色
紫红色	纯紫色＋玫瑰红色	灰蓝色	天蓝色＋纯黑色
褚石红色	玫瑰红色＋柠檬黄色＋纯黑色	浅灰蓝色	天蓝色＋纯黑色＋纯紫色
粉蓝色	纯白色＋天蓝色	粉紫色	纯白色＋纯紫色
粉绿色	纯白色＋草绿色	咖啡色	玫瑰红色＋纯黑色
黄绿色	柠檬黄色＋草绿色	粉柠檬黄色	柠檬黄色＋纯白色
墨绿色	草绿色＋纯黑色	藤黄色	柠檬黄色＋玫瑰红色
橘黄色	柠檬黄色＋玫瑰红色	土黄色	柠檬黄色＋纯黑色＋玫瑰红色
紫罗兰色	大红色＋湖蓝色	草绿色	柠檬黄色＋湖蓝色 （湖蓝色加多是粉绿色）
中黄色	大红色＋橘黄色 （大红色加多变玫瑰红色）	熟褐色	大红色＋草绿色
玫瑰红色	大红色＋紫罗兰色	浅绿色	柠檬黄色＋草绿色
青莲色	湖蓝色＋紫罗兰色		

　　配色分量不同，调出的效果也不同。但是，需要注意：紫色不能加黄色，绿色不能加红色，蓝色不能加橙色。因为这样的互补色调出来的是很深的灰色或者黑色。

二、云石胶的选择

云石胶的主要成分是"树脂＋粉体"，好的云石胶应具备如下特点。

1. 良好的粘接性能

若云石胶所含树脂质量好、含量足，粉体结构细腻均匀，则粘接性好。

判断云石胶质量好坏有一种简单的方法：找两块板材，用云石胶粘接起来，放置24 h 以上，然后将其从 1 m 左右的高度摔下，若板材沿粘接处断裂，则证明云石胶的粘接性能差；若板材未沿粘接处断裂，则证明云石胶的粘接性能优良。

2. 良好的可抛光性能

云石胶的可抛光性是指补胶、研磨、结晶抛光后，云石胶颜色与石材颜色基本一致。云石胶所含粉粒越细腻，可抛光性越好。

3. 良好的可调色性

云石胶的可调色性是指调制时，颜色很容易达到均匀一致。云石胶所含粉粒越细腻，可调色性也越好。

三、调色材料的选择

1. 一般选择：云石胶 + 调色膏

依据三原色原理，先用"云石胶 + 调色膏"调出与石材接近的基本色；再添加相应的调色膏，进一步调出准确色。这种调胶方法的优点是操作简单。但调色膏是一种人工色素，颜色非常纯正，而石材是天然材料，其颜色不是那么纯正。这样，调好的云石胶反而与石材本身的色泽产生了新的差异。因此，应避免采用这种调胶方法。

调色膏

2. 最佳选择：云石胶 + 天然色粉

这里推荐使用天然色粉作为调色材料。天然色粉是从矿物中提取的天然材料，更接近石材的自然色泽。如调制黄色云石胶时，可加入适量氧化铁黄。依据三原色原理，先用"云石胶 + 天然色粉"调出与石材接近的基本色；再添加相应的天然色粉，调出最完美的色彩，这是调胶最为关键的一个诀窍。

天然色粉

四、调制关键点

有了好的材料，调制时应把握以下关键点。

1. 环境要求

（1）光线要求。调胶时，最好选择在光照充足且非常自然的条件下进行。光线过于强烈、阴影处、昏暗的灯光下，都会造成石材色彩的失真，导致调胶颜色出现大的差异。

（2）石材要干净、干燥。石材吸水或被污染后，也会导致颜色的变化，掩盖了本色。因此，调胶时一定要确保石材干净、干燥，呈现的是真正的本色。

2. 充分对比

调胶工作不是一蹴而就的。调制时，应先在小面积上做试验，要不断与石材色泽进行对比，一点一点测试，直至调成需要的颜色。最终颜色的确定，一定要在云石胶干燥后，以与石材颜色最接近的效果为准，而不是在云石胶未干时就着急确定颜色。

3. 一次调成

由于调胶是一点一点测试成功的，因此调制过程中存在很多不确定因素。即使同一个工人，分两次调胶也会造成不可预测的偏差。因此，对于在相同区域使用的胶，应该让同一个工人负责，并要一次性调制完成。

4. 调胶工人的选择

调胶工人应具备如下素质：①非色盲人士；②对色彩要敏感；③有足够的耐心和责任感；④经验丰富。

五、工具

调胶时，应准备以下工具：

（1）调胶器，即打胶器和手电钻。

（2）铲刀。调胶和补缝时，应该选择两种铲刀：一种宽3 cm，用来调胶；一种宽2 cm，用来补缝。不建议选用更宽的铲刀，因为人手部的力量是一定的，铲刀越宽，力量就越分散，这会影响调胶的均匀程度和补缝的效果。

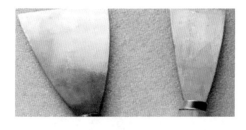

铲刀

（3）刀片。刀片用于把其他工具上多余的胶刮掉；当缝隙处有污染物或补胶失败时，可用刀片快速清除。

刀片

（4）砂轮片。准备一个120#或220#的砂轮片，配合角磨机，能快速清除干固到工具上的云石胶。

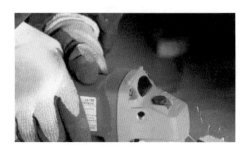

砂轮片配合角磨机使用

工作页 3.4.1

班级：_____   学号：_____   姓名：_____

1. 完成颜料三原色基本配色表。

（红色）＋（黄色）＝（　　　）

（蓝色）＋（红色）＝（　　　）

（蓝色）＋（黄色）＝（　　　）

（　　　）＋（黄色）＋（　　　）＝（黑色）

2. 完成常用配色表。

熟褐色＝柠檬黄色＋（　　　）＋（　　　）

粉玫瑰红色＝（　　　　　）＋玫瑰红色

朱红色＝柠檬黄色＋（　　　　　）

暗红色＝玫瑰红色＋（　　　　　）

紫红色＝（　　　　　）＋玫瑰红色

褚石红色＝（　　　　　）＋柠檬黄色＋纯黑色

粉蓝色＝（　　　　　）＋天蓝色

蓝绿色＝草绿色＋（　　　　　）

灰蓝色＝（　　　　　）＋纯黑色

浅灰蓝色＝天蓝色＋（　　　　　）＋（　　　　　）

粉绿色＝（　　　　　）＋草绿色

黄绿色＝柠檬黄色＋（　　　　　）

墨绿色＝（　　　　　）＋纯黑色

粉紫色＝纯白色＋（　　　　　）

咖啡色＝（　　　　　）＋纯黑色

粉柠檬黄色＝（　　　　　）＋纯白色

藤黄色＝柠檬黄色＋（　　　　　）

橘黄色＝（　　　　　）＋玫瑰红色

土黄色＝柠檬黄色＋纯黑色＋（　　　　　）

信息页 3.4.2

现场管理 5S

5S 是指整理（SEIRI）、整顿（SEITON）、清扫（SEISO）、清洁（SEIKETSU）、素养（SHITSUKE）五个项目。5S 的说法起源于日本，它通过规范现场、现物，营造一目了然的工作环境，培养员工良好的工作习惯，其最终目的是提升人的品质。

一、整理

将工作场所中的所有物品区分为有必要的与不必要的。把必要的物品与不必要的物品明确地、严格地区分开来。不必要的物品要尽快处理掉。

（1）目的。

1）腾出空间，活用空间。

2）防止误用、误送。

3）营造清爽的工作场所。

生产过程中，经常有一些残余物料、待修品、待返品、报废品等滞留在现场，包括一些已无法使用的工夹具、量具、机器设备，既占用空间又阻碍生产，如果不及时清除，会使现场变得凌乱。

在生产现场摆放不必要的物品是一种浪费，即使是宽敞的工作场所，也会变得越来越窄小；增加了寻找工具、零件等物品的难度，浪费时间；物品摆放得杂乱无章，增加了盘点的困难，容易导致成本核算失准。

（2）注意要点。对不必要的物品应果断地加以处置。

（3）实施要领。

1）全面检查自己的工作场所（范围），包括看得到的和看不到的部分。

2）确定"要"和"不要"的判别基准。

3）将不要的物品清除出工作场所。

4）对需的物品调查使用频度，确定其日常用量及放置位置。

5）制定废弃物处理方法。

6）每日进行自我检查。

二、整顿

对整理之后留在现场的必要的物品进行分门别类的放置，排列整齐；明确数量，并进行有效的标识。

（1）目的。

1）使工作场所一目了然。

2）保持整齐的工作环境。

3）减少找寻物品的时间。

4）消除过多的积压物品。

（2）注意要点。这是提高效率的基础。

（3）实施要领。

1）落实依步骤整理的工作。

2）全程布置，确定放置场所。

3）确定放置方法，明确数量。

4）定线定位。

5）对物品进行标识。

（4）整顿的"三要素"：放置场所、放置方法、标识。

1）放置场所。物品的放置场所原则上要100%确定，物品的保管要定点、定容、定量，生产线附近只能放真正需要的物品。

2）放置方法。易取，不超出所规定的范围。

3）标识。放置场所和物品原则上一对一标识，现物的标识和放置场所的标识，某些标识方法全公司要统一。

（5）整顿的"三定"原则：定点、定容、定量。

1）定点：放在合适的位置。

2）定容：确定容器和颜色。

3）定量：规定合适的数量。

三、清扫

将工作场所清扫干净，保持工作场所干净、明亮。

（1）目的。

1）消除脏污，保持工作场所干净、明亮。

2）稳定品质。

3）减少伤害。

（2）注意要点。要实现责任化、制度化。

（3）实施要领。

1）建立清扫责任区（室内和室外）。

2）执行例行扫除，清理脏污。

3）调查污染源，并予以杜绝或隔离。

4）建立清扫基准，作为规范。

四、清洁

将以上3S的实施方法制度化、规范化，并贯彻执行及维持成果。

（1）目的。维持以上 3S 的成果。

（2）注意要点。要实现制度化，定期检查。

（3）实施要领。

1）落实前面的 3S 工作。

2）制定考评办法。

3）制定奖惩制度并严格执行。

4）管理者要经常巡查，以示重视。

五、素养

通过晨会等方法，提高全体人员的文明礼貌水平；培养每位成员养成良好的习惯，并遵守规则。开展 5S 容易，但长时间坚持执行必须依靠素养的提升。

（1）目的。

1）培养具有好习惯、遵守规则的员工。

2）提高全体员工的文明礼貌水平。

3）培养团队精神。

（2）注意要点。只有长期坚持，才能养成良好的习惯。

（3）实施要领。

1）制定服装、仪容、工作证标准。

2）制定共同遵守的有关规则、规定。

3）制定礼仪守则。

4）教育训练（新进人员强化 5S 教育、实践）。

5）推动各种精神提升活动（晨会、礼貌运动等）。

学生可自行阅读 5S 推行手册。

班级：_____　　学号：_____　　姓名：_____

1. 制作一张"现场管理5S"海报。

2. 小组互评后，选出一张最完善的"现场管理5S"海报。

班级：_____　　学号：_____　　姓名：_____

评　价　表

年　　月　　日

项次	项目要求		配分	评分细则	自评	小组评价	教师评价
1. 素养（40 分）	纪律情况（15 分）	按时到岗，不早退	5	违反规定每次扣 5 分			
		积极思考、回答问题	5	根据上课统计情况得 1～5 分			
		"三有一无"（有本、笔、书，无手机）	5	违反规定每项扣 3 分			
		执行教师指令	0	此为否定项，违规酌情扣 10～100 分，违反校规按校规处理			
	职业道德（10 分）	能与他人合作	3	不符合要求不得分			
		主动帮助同学	3	能主动帮助同学，得 3 分；被动帮助同学，得 1 分			
		追求完美	4	对工作精益求精且效果明显，得 4 分；对工作认真，得 3 分；其余不得分			
	5S（10 分）	桌面、地面整洁	5	自己的工位桌面、地面整洁无杂物，得 5 分；不合格不得分			
		物品定置管理	5	按定置要求放置，得 5 分；不合格不得分			
	信息获取能力（5 分）		5	全部正确且简洁，得 5 分；部分正确，得 1～4 分；与内容不符的不得分			

项次	项目要求		配分	评分细则	自评	小组评价	教师评价
2. 职业能力（40分）	制作"现场管理5S"海报	独立学习	15	独立学习现场管理5S，并按要求清理场地，得15分；其他酌情得1~14分			
		虚心接受场地检查和师傅点评	12	虚心接受检查和师傅点评，得12分；其他酌情得1~11分			
		小组互评情况	8	评价最全面的小组，得8分；其他酌情得1~7分			
		完成时间	5	在规定时间内完成，得5分；未按时完成不得分			
3. 工作页完成情况（20分）	按时完成工作页	及时提交	5	按时提交得5分；迟交不得分			
		内容完成程度	5	按完成情况得1~5分			
		回答准确率	5	视准确率情况得1~5分			
		有独到的见解	5	视见解独到程度得1~5分			
总分							
加权平均分（自评20%，小组评价30%，教师评价50%）							
教师评价签字：			组长签字：				
请你根据以上打分情况，对自己在本活动中的工作和学习状态进行总体评述（从素养的自我提升方面、职业能力的提升方面进行评述，分析自己的不足之处，描述对不足之处的改进措施）							
教师指导意见：							

学习活动五　水磨正面

信息页3.5.1

手扶磨机操作规程

一、持证上岗

（1）操作手扶磨机的人员必须先经培训，取得相应资格后方可上岗，严禁无证上岗。

（2）操作手扶磨机的人员必须熟悉机床的主要性能、操作方法及常见故障排除方法，并做好机床的日常维护和保养工作。

二、开机前的检查

（1）检查电源和冷却系统是否处于正常工作状态。

（2）检查磨头前后左右移动是否灵活、准确到位。

（3）检查工作台旋转定位是否准确。

（4）检查各润滑点是否缺油。

三、手扶磨机开机作业

（1）将被加工石板放在工作台上，选取相应的磨头，磨头装夹必须牢固可靠。

（2）打开水开关，然后起动磨头，打磨石板时要求用力均匀，按一定顺序移动磨头。

（3）操作人员应依据不同的石板，选取相应的磨料号。

（4）操作人员在打磨时要集中精力、注意观察，务必使整个石板光滑平整。

四、手扶磨机的维护保养

（1）磨头主轴每周加油一次，立柱每天加30#机械油一次，丝杠每周加3#锂基脂。

（2）必须每天对设备现场进行清理，保持清洁，各活动部位要保持有油润滑，不用时要注意防尘防锈。

五、安全注意事项

（1）操作人员必须戴安全帽。

（2）经常检查油泵里是否有油。

（3）检查磨头锁紧螺钉是否锁紧。

（4）检查磨头万向联轴器上的销是否断裂。

（5）检查横梁升降是否正常。

工作页 3.5.1

班级：_____   学号：_____   姓名：_____

各小组将修改好的手扶磨机检查表打印并粘贴在下面。

粘

贴

处

信息页 3.5.2

一、天然大理石彩色图片

北京房山汉白玉大理石

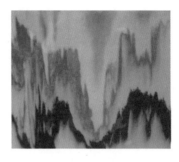

云南大理云彩大理石

河北曲阳墨玉大理石

云灰大理石

挪威红大理石

汉白玉大理石

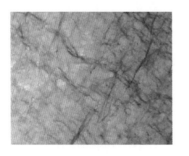

丹东绿大理石

济南青大理石

二、我国主要大理石品种及其花色

1. 北京房山汉白玉大理石

北京房山汉白玉大理石呈玉白色，略带灰色杂点和纹脉。

2. 国产雪花白大理石

国产雪花白大理石产自山东莱州，颜色为雪白色带有淡灰色细纹，颗粒为均匀中等结晶颗粒，但板面有较多黄色杂点。

3. 国产水晶白大理石

国产水晶白大理石产地为四川、湖北、云南，呈水晶状白色，有时颜色略暗，偏浅灰色系；颗粒为均匀大结晶颗粒，不同产地矿山的水晶白大理石颗粒差异较大，有的直径为 2~3 mm，有的可达 5~6 mm。

4. 云灰大理石

云灰大理石产自云南大理，颗粒细小均匀，颜色主要是白色底色，有些是偏浅灰底色，带有烟状或云状黑灰纹带。

5. 艾叶青大理石

艾叶青大理石产自北京房山，主要是青灰底色，也有些是灰白底色，带叶状斑纹，间有片状纹缕。

6. 莱阳黑大理石

莱阳黑大理石也叫莱阳墨大理石，产自山东莱阳，颗粒细小均匀，颜色为黑灰底色，间有黑色斑纹和灰白色斑点。

7. 莱阳绿大理石

莱阳绿大理石产自山东莱阳，主要是灰白底色或浅绿白底色，带绿色或深草绿色斑纹和斑点。

8. 墨玉大理石

墨玉大理石是纯黑色的大理石，颗粒细小均匀，产地较广，贵州、广西、湖北、河北等地都有出产，由于荒料限制，一般加工成 60 cm×60 cm 的规格板。

9. 晚霞红大理石

晚霞红大理石产自河南，颜色主要是橘红色或晚霞红色，带有黑色的叠脉或斑纹。

10. 米黄玉大理石

米黄玉大理石产自河南南阳，颜色为浅黄底色，带木纹状纹理，玉石质地，光泽度高，结晶颗粒呈齿牙状交错结构。

11. 广黄大理石

广黄大理石产自江苏，颗粒细密均匀，黄色或黄白底色，有土黄色或黄色斑纹，板面遍布红色裂线，少部分是黑线。

12. 广红大理石

广红大理石同样产自江苏，颗粒细密均匀，板面为红色或红白底色，有红色斑纹，板面遍布裂线，主要是红色裂线，少部分是黑灰色水晶线。

13. 咖啡大理石

咖啡大理石的产地主要是江苏宜兴，颗粒细密均匀，板面为棕褐底色，有流纹状纹理，部分带有白筋。

14. 红奶油大理石

红奶油大理石产自江苏宜兴，颗粒细密均匀，板面为暗乳白底色，有红色斑纹，板面遍布暗灰色裂纹和裂线。

15. 青奶油大理石

青奶油大理石产自江苏宜兴，颗粒细密均匀，板面为暗乳白底色，有青灰色斑纹，遍布青蓝色或灰蓝色的裂纹或裂线。

16. 青红奶油大理石

青红奶油大理石同样产自江苏宜兴，颗粒细密均匀，板面为暗乳白底色，间有青灰色或浅红色斑纹，遍布青蓝色或灰蓝色的裂纹或裂线，也有少量红筋。

17. 杭灰大理石

杭灰大理石产自浙江，颗粒细密均匀，板面为深褐灰或黑灰底色，带有黑灰色斑点，密布白色细纹，同时带有红色或白色粗筋。

18. 金镶玉大理石

金镶玉大理石产自江苏，颗粒细密均匀，板面为棕褐底色，遍布细筋（主要是白色，也有土黄色），同时带有白色或红色的粗筋。

19. 荷花绿大理石

荷花绿大理石产自湖北通山，板面为白色偏泛黄底色，带有鱼网状绿色密纹。

20. 宝兴白大理石

宝兴白大理石也称四川汉白玉大理石，产自四川宝兴，中小颗粒，石英含量较高，板面为纯白或象牙底色。

21. 东方白大理石

东方白大理石产自四川宝兴，中小颗粒，石英含量较高，板面为纯白底色，有灰黑色细纹路，板面遍布裂纹（结晶线），特别是在纹理处。

22. 青花白大理石

青花白大理石也产自四川宝兴，颗粒细小均匀，石英含量较高，板面为纯白底色，带有灰黑色纹理，根据花纹可分为中花白和细花白。

23. 宝兴青花灰大理石

宝兴青花灰大理石产自四川宝兴，颗粒细小均匀，石英含量较高，板面为纯白底色，相对于青花白大理石，其板面有更多且颜色更深的灰黑色斑纹。

24. 广西白大理石

广西白大理石产自广西贺州，颗粒细小，板面为乳白底色，带有灰色或黑色斑纹。

25. 黑白根大理石

黑白根大理石是黑色致密结构大理石，带有白色筋络，重筋络处非常容易产生断裂，产地为广西和湖北，其中广西黑白根大理石白筋较少，湖北黑白根大理石白筋较多。

26. 玛瑙红大理石

玛瑙红大理石产自广西，颗粒细小均匀、结构致密，板面为灰白底色带有青色斑纹，且密布红色细筋。

27. 国产啡网大理石

国产啡网大理石分为浅啡网和深啡网大理石，主要产自广西、湖北和江西，颗粒细小致密，板面为棕褐底色带黄色网状细筋，部分有白色粗筋。

28. 木纹黄大理石

木纹黄大理石产自贵州和湖北，板面为黄色或黄褐底色，有木纹状纹理，中小颗粒，颗粒部分结晶，呈齿牙状交错结构。

29. 铜黄大理石

铜黄大理石也称为帝王金大理石、黄金天龙大理石，产自安徽，中小颗粒，板面为黄色或土黄底色，有黄色或深黄色纹理（直纹或乱纹）。

30. 丹东绿大理石

丹东绿大理石产自辽宁丹东，颗粒细小、结构致密，底色为嫩绿色，带有绿色或深绿色纹理，部分有少量的白色斑纹。

31. 灰木纹大理石

灰木纹大理石产地是贵州，板面为灰白底色，带有深灰色直木纹状纹理，其中颜色偏白的灰木纹大理石也称为白木纹大理石。

32. 皇家金檀大理石

皇家金檀大理石也叫黑木纹大理石或黑檀木纹大理石，产自湖南，颗粒细小均匀、结构致密，板面为黑色底色，顺切时呈黑灰色直木纹状纹理，纵切时呈密云状乱纹。

33. 白海棠大理石

白海棠大理石产自云南，为石灰石质大理石，颗粒细小致密，底色为米白色，板面密布灰色月牙状花纹。

34. 雨山红大理石

雨山红大理石也称为通山红，产自湖北通山，颗粒细小均匀、质地细密，板面为暗红底色，带有深红色或白色裂纹或裂线，同时有稍粗的白筋。

35. 贵州米黄大理石

贵州米黄大理石产自贵州，石灰石质大理石，颗粒细小均匀、质地细密，板面为米黄底色，带灰褐色花纹，部分有红筋。

36. 江西米黄大理石

江西米黄大理石产自江西省，石灰石质大理石，颗粒细小均匀、质地细密，板面颜色较贵州米黄大理石深，带黄褐色或浅褐色乱纹，间有灰白色或红色裂纹。

三、天然花岗石彩色图片

河南菊花青花岗石

山东济南青花岗石

四川石棉红花岗石

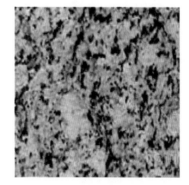

江西豆绿色花岗石

花岗石就其矿物组成而言，以石英、长石、云母、角闪石等铝硅酸盐类矿物为主，磁铁矿、石榴子石、磷灰石等为辅。一般而言，长石的含量比石英多，纹路及色彩因集中于长石的部分而使花岗石颜色变得极为丰富。花岗石有硬度大且较抗风化的特点，长久以来被用作主要建材。

工作页 3.5.2

班级：_____　　学号：_____　　姓名：_____

1. 根据教师提供的石材颜色，通过网络搜索对应的树脂调色方法。

....
....
....

2. 通过网络搜索树脂调色方法，在下方空白处绘制并填写树脂颜色调配信息表。

工作页3.5.3

班级：_____ 学号：_____ 姓名：_____

1. 各小组将修改好的"磨头的选取及装夹要点表"粘贴在下面。

> 粘
>
> 贴
>
> 处

2. 各小组将修改好的"磨料的选取表"粘贴在下面。

> 粘
>
> 贴
>
> 处

工作页 3.5.4

班级： _____   学号： _____   姓名： _____

观看师傅清理手扶磨机现场、维护手扶磨机后，根据自己在现场的拍照记录完成下面的简答题。

1. 简要叙述如何清理手扶磨机现场。

2. 详细讲述手扶磨机的维护过程。

学习活动六　桥切机切边

信息页 3.6.1

桥切机操作规程

一、开机前的检查

（1）检查刀片是否安装紧固、到位，刀片是否锋利、有无变形。

（2）检查水电是否正常。

（3）调整机器刀片行走至上、下、前、后限位。

二、开机操作步骤

（1）打开电源旋钮。

（2）翻平工作台板。

（3）清洗工作台面上的杂物。

（4）把拟切割的石材与台面平行摆放。

（5）按激光对刀按钮，使激光光束对准石材拟切割的路线，前、后、左、右进行
对齐，确保无误。

（6）设定机器的运行参数。

（7）按自动按钮起动机器。

（8）按前进或后退切割运行按钮。

（9）单片切割完成后，按关闭按钮（回车按钮）。

（10）关机。

1）每批生产结束后，关闭电源开关。

2）在生产过程中暂停 5 min 以上时，必须关闭电源开关。

三、调整注意事项

（1）检查并确认机器的运行参数。

（2）使激光光束对准石材拟切割的路线，前、后、左、右进行对齐。

（3）检查石料是否摆放平稳，确保石板与工作台面的搁放缝中无碎石、杂物。

工作页 3.6.1

班级：_____   学号：_____   姓名：_____

按小组将修改好的红外线桥切机检查表打印出来并粘贴在下面。

粘

贴

处

工作页 3.6.2

班级：_____　　学号：_____　　姓名：_____

将使用红外线桥切机时，调整切割水平线的步骤和注意事项填入下表。

序号	调整切割水平线的步骤	注意事项
1		
2		
3		
4		
5		
6		
7		
8		
9		

工作页 3.6.3

班级：_____   学号：_____   姓名：_____

1. 请完成下列填空题。

（1）使用桥切机切边时，在第二刀走完后，必须_____，尺寸误差值不得超过_____ mm；对角线偏差不得超过_____ mm；遇到断裂、缺角等情况时，应将_____、_____等准备好，并按规定要求放在指定地点。

（2）开机前须确认三相电源电压是否正常，相电压应为_____ ~ _____ V，如超过或低于此范围，应提供一个稳压电源，以免控制部分工作不正常或被烧毁。

2. 请判断下图中显示的操作是否正确。如有错误，请指出并改正。

_____
_____
_____
_____

工作页 3.6.4

班级：_____   学号：_____   姓名：_____

观看师傅演示并讲解桥切机的维护方法后，利用拍摄的桥切机维护方法相片等资源，逐条详细描述桥切机的维护方法，并记录在下列横线上。

1. _____

2. _____

3. _____

4. _____

5. _____

学习活动七　修补打蜡

信息页 3.7.1

一、石材水刀拼花修补要求

（1）同一拼花图案中同一种石料的颜色和纹理要一致，无明显色差、色斑、色线等缺陷，不能有阴阳色。

（2）板面无裂痕、无破损、无缺口。

（3）粘接缝隙的色料或补石用的粘料颜色要与石料颜色相同。

二、打蜡操作要求

（1）蜡剂在 5～40 ℃使用效果最好。

（2）石材修补打蜡质量要求是干净透亮、无污迹、无印痕。

（3）打蜡操作应纵横交错、十字交叉地进行；上蜡越薄、越均匀越好。

工作页 3.7.1

班级：_____　　学号：_____　　姓名：_____

根据石材水刀拼花修补、打蜡的操作步骤，以小组为单位制作一份海报。

班级：_____   学号：_____   姓名：_____

评 价 表

年　　月　　日

项次	项目要求		配分	评分细则	自评	小组评价	教师评价
1. 素养（40分）	纪律情况（15分）	按时到岗，不早退	5	违反规定每次扣5分			
		积极思考、回答问题	5	根据上课统计情况得1～5分			
		"三有一无"（有本、笔、书，无手机）	5	违反规定每项扣3分			
		执行教师指令	0	此为否定项，违规酌情扣10～100分，违反校规按校规处理			
	职业道德（10分）	能与他人合作	3	不符合要求不得分			
		主动帮助同学	3	能主动帮助同学，得3分；被动帮助同学，得1分			
		追求完美	4	对工作精益求精且效果明显，得4分；对工作认真，得3分；其余不得分			
	5S（10分）	桌面、地面整洁	5	自己的工位桌面、地面整洁无杂物，得5分；不合格不得分			
		物品定置管理	5	按定置要求放置，得5分；不合格不得分			
	信息获取能力（5分）		5	全部正确且简洁，得5分；部分正确，得1～4分；与内容不符的不得分			

项次		项目要求	配分	评分细则	自评	小组评价	教师评价
2. 职业能力 (40 分)	石材拼接产品修补与打蜡操作步骤的海报制作	石材水刀拼花修补操作步骤及注意事项学习	15	在观看师傅示范并讲解石材水刀拼花修补操作步骤及注意事项时，能正确记录并拍照，得 15 分；其他酌情得 1～14 分			
		石材水刀拼花打蜡操作要求学习	12	在师傅示范并讲解石材水刀拼花打蜡操作要求时，能正确记录并拍照，得 12 分；其他酌情得 1～11 分			
		小组讨论	8	能进行讨论的小组，得 8 分；未进行讨论的不得分			
		完成时间	5	在规定时间内完成，得 5 分；未按时完成不得分			
3. 工作页完成情况 (20 分)	按时完成工作页	及时提交	5	按时提交得 5 分；迟交不得分			
		内容完成程度	5	视完成情况得 1～5 分			
		回答准确率	5	视准确率情况得 1～5 分			
		有独到的见解	5	视见解独到程度得 1～5 分			
总分							
加权平均分（自评 20%，小组评价 30%，教师评价 50%）							
教师评价签字：				组长签字：			
请你根据以上打分情况，对自己在本活动中的工作和学习状态进行总体评述（从素养的自我提升方面、职业能力的提升方面进行评述，分析自己的不足之处，描述对不足之处的改进措施）							
教师指导意见：							

学习单元四　质量检验

学习活动一　质量检验

信息页 4.1.1

质量检验标准

一、拼花类产品检验标准

1. 适用范围

本标准适用于由大理石、花岗石板材拼成的所有图案。

2. 产品分类

（1）按加工方式分类。

1）用手工加工的小拼花（$S \leqslant 1 \text{ m}^2$）。

2）用手工加工的大拼花（$S > 1 \text{ m}^2$）。

3）用计算机加工的高难度拼花。

（2）按图形分类。

1）直线型，拼花所有拼缝为直线。

2）复杂型，拼花拼缝中含有曲线。

3. 检验标准

（1）拼花同种材料颜色、纹路要一致、协调，不允许有色斑、色线、崩边、崩角等外观缺陷，花岗石不允许有裂纹，大理石允许有裂纹但必须具有可补性。

（2）尺寸误差要求。

1）外围尺寸。①手工小拼花误差范围为 -2~0 mm；②手工大拼花误差范围为 -3~3 mm；③计算机拼花误差范围为 -1~0 mm。

2）拼缝要求。①直线缝：手工拼缝在 1.0 mm 以内，计算机拼缝在 0.1 mm 以内；②曲线缝：手工拼缝在 1.5 mm 以内，计算机拼缝在 0.5 mm 以内。

（3）平面度要求。

1）手工小拼花的平面度误差在 0.5 mm 以内。

2）手工大拼花的平面度误差在 1 mm 以内。

3）计算机拼花的平面度误差在 0.5 mm 以内。

4. 检验方法

（1）先单件检验规格尺寸，再检验外观质量等。

（2）拼接检验拼缝、外围尺寸、图案错位情况、平面度等。

5. 终检入库

拼接检验后，给单件贴上同安装图一致的标签；入库前检验装箱单、拼接图等是否齐全、无误。

二、石材拼花的质量检验标准

1. 颜色

整个拼花的选材应高贵、典雅，拼花的颜色搭配要层次分明、色彩协调。同一种石材颜色要一致或基本一致，没有明显色差、色斑、色线等缺陷。

2. 纹路

整个拼花的纹路要协调一致，有规律性、韵律感，不允许杂乱无章。

3. 平面度

沿拼花任意方向，用塞尺检查平面度（误差小于 1 mm），板面应没有翘曲。

4. 表面质量

拼花不允许有明显的砂眼、孔洞、裂纹、胶补的痕迹、色斑、色根、色差、霉斑等缺陷。

5. 光泽度

光泽度不能低于 85，或不能小于协议中所规定光泽度的 90%，且光泽度应均匀；检查处光泽度不能相差 10。

6. 拼缝

拼花相邻组件的拼缝不能大于 1 mm。

7. 拼装质量

拼花组件之间需要对线的，误差不允许大于 1 mm/m，拼花组件组装后，拼缝不能大于 1 mm，有缝拼花除外。小型拼花外围尺寸误差要小于 0.5~1 mm；尺寸在5000 mm 以上的大型拼花，外围尺寸误差可以适当放大到 5 mm 以上。由拼件加工成的长方形、正方形、平行四边形的拼花，其对角线要直；曲线拼花要求曲线流畅；三角形拼件的尖角不能崩掉、断裂。

三、石材拼花的验收标准

（1）同一种石材应颜色一致，无明显色差、色斑、色线等缺陷，不能有阴阳色。

（2）石材拼花的纹路基本相同，板面无裂痕。

（3）外围尺寸、缝隙、图案拼接误差小于 1 mm。

（4）石材拼花的平面度误差小于 1 mm，没有缝隙与砂路。

（5）石材拼花的表面光泽度不低于 80。

（6）粘接缝隙的色料或补石用的粘料颜色要与石料颜色相同。

（7）对角线、平行线要直，平行度误差要符合要求，弧度弯角不能走位，尖角不能钝。

（8）石材拼花产品包装时要求光面对光面，以防止划伤；应竖直放置，使其纵向受力；同时要标明安装走向指示编号，并贴上合格标签。

工作页 4.1.1

班级：_____   学号：_____   姓名：_____

根据石材质量检验步骤及注意事项，以小组为单位制作一份海报。

班级：_____　　学号：_____　　姓名：_____

评 价 表

年　　月　　日

项次	项目要求		配分	评分细则	自评	小组评价	教师评价
1. 素养（40分）	纪律情况（15分）	按时到岗，不早退	5	违反规定每次扣5分			
		积极思考、回答问题	5	根据上课统计情况得1~5分			
		"三有一无"（有本、笔、书，无手机）	5	违反规定每项扣3分			
		执行教师指令	0	此为否定项，违规酌情扣10~100分，违反校规按校规处理			
	职业道德（10分）	能与他人合作	3	不符合要求不得分			
		主动帮助同学	3	能主动帮助同学，得3分；被动帮助同学，得1分			
		追求完美	4	对工作精益求精且效果明显，得4分；对工作认真，得3分；其余不得分			
	5S（10分）	桌面、地面整洁	5	自己的工位桌面、地面整洁无杂物，得5分；不合格不得分			
		物品定置管理	5	按定置要求放置，得5分；不合格不得分			
	信息获取能力（5分）		5	全部正确且简洁，得5分；部分正确，得1~4分；与内容不符的不得分			

续表

项次	项目要求		配分	评分细则	自评	小组评价	教师评价
2. 职业能力（40分）	石材质量检验步骤及注意事项的海报制作	信息内容	15	信息内容全面，得15分；其他酌情得1~14分			
		小组分工	12	小组分工明确并落实，得12分；小组分工明确但未落实，得5分；其余不得分			
		整洁、无错别字	8	整洁、无错别字，得8分；整洁、有错别字，得3~7分；不整洁、错别字多，得1~2分			
		完成时间	5	在规定时间内完成，得5分；未按时完成不得分			
3. 工作页完成情况（20分）	按时完成工作页	及时提交	5	按时提交得5分；迟交不得分			
		内容完成程度	5	视完成情况得1~5分			
		回答准确率	5	视准确率情况得1~5分			
		有独到的见解	5	视见解独到程度得1~5分			
总分							
加权平均分（自评20%，小组评价30%，教师评价50%）							
教师评价签字：			组长签字：				

请你根据以上打分情况，对自己在本活动中的工作和学习状态进行总体评述（从素养的自我提升方面、职业能力的提升方面进行评述，分析自己的不足之处，描述对不足之处的改进措施）

教师指导意见：

学习单元五　产品装箱

学习活动一　产品装箱

信息页 5.1.1

石材装箱基本要求

一、石材的包装

石材板材包装应根据数量及运输条件等因素具体决定。包装形式主要有以下两种。

1. 木箱包装

长距离运输时，一般采用木箱包装。将板材光面相对，按顺序立放于内衬防潮纸的箱内，或以 2~4 块为一组用草绳扎立于箱内，箱内空隙必须用富有弹性的柔软材料塞紧。木箱不得用等外材，木板厚度不得小于 20 mm。每箱应在两端加设铁腰箍，横挡上应加设铁包角。

2. 草绳包装

草绳包装有两种：一种包装是将光面相对的板材用直径不小于 10 mm 的草绳沿长、宽方向顺序缠绕，不使产品外露，并捆扎牢固；另一种包装是将光面相对的板材用直径不小于 10 mm 的草绳按"井"字形捆扎，每捆扎点不应少于 3 道。对于条状产品，沿宽厚方向捆扎，根据产品长度捆扎 2~4 点，每点草绳不少于 5 道。板材包装好后，应标识板材的编号或名称、规格和数量等。对于配套工程用料，应在每块板材上按图样编号。包装箱及包装绳外，必须有"向上""防潮""小心轻放"等指示标识，其符号及使用方法应符合《包装储运图示标志》（GB/T 191—2008）的规定。

二、不同种类石材的装箱

1. 平板类石材

规则：对于别墅类建筑用石材，按立面及户型分开做装箱单（窗侧板等除外）；对于商业类建筑用石材，按排版图号分开做装箱单（箱号要连续），每箱必须对件数、面积等进行汇总。

（1）托盘装箱标准，装箱正常大小是长 1200 mm、宽 600 mm、高 1100 mm 以下、厚 30 mm 或 25 mm。

1）30 mm 厚装 35～38 层/箱，每箱面积为 17～26 m²。注意部分超大规格板，如长 1300 mm 以上或宽 750 mm 以上的装 30 片左右，面积不超过 28m²。

2）25 mm 厚装 38～40 层/箱（不超过 42 层），每箱面积为 18～28 m²。注意部分超大规格板，如长 1300 mm 以上或宽 750 mm 以上装 32 片左右，面积不超过 30 m²。

（2）按编号顺序装箱。如果装箱不合装，则石材规格相近的可跨编号装在一起。

（3）对于最小边长度大于 700 mm 的板材，应挑出来单独装箱；如果数量不够，可加入其他长度相近的板材。

（4）对于小规格石材，可多排层叠装箱，规格为 700 mm 以下 × 600 mm 的可两排并排装（即装箱尺寸为 1400 mm × 600 mm）。

2. 商用异形石材

商用石材应按形状（数量多可再按立面分）分开做装箱单，每箱必须对件数、面积、体积等进行汇总，石材装箱宽度为 600～800 mm，高度为 700～1000 mm。

（1）规格为 200 mm × 125 mm 的条状石材，每箱装 24～28 条，长度 ≤400 mm 的不计算在内（可以将短的拼在一起装）。

（2）规格为 150 mm × 125 mm 的条状石材，每箱装 32～40 条，长度 ≤400 mm 的不计算在内（可以将短的拼在一起装）。

（3）规格为 150 mm × 75 mm（或 100 mm）的条状石材，每箱装 40 条，长度 ≤400 mm 的不计算在内（可以将短的拼在一起装）。

（4）其他条状石材，按 0.6 m³/箱左右装箱。

（5）所有弧形条状石材单独装箱，按 0.6 m³/箱左右装箱。

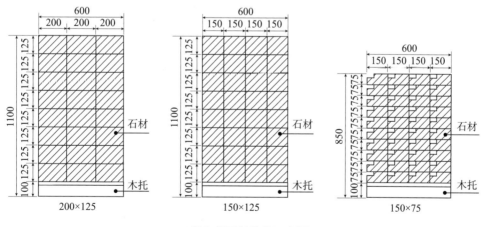

三种条状石材装箱示意图

（6）L形拼接板，300 mm×100 mm 的 24 片装一箱，200 mm×92 mm 的 30 片装一箱，250 mm×150 mm 的 18 片装一箱（量少时自行调整排箱）。如未粘接，则按平板方式装箱。

（7）造型板（455 mm 厚），规格为 1200 mm×600 mm 的板材，一箱装 20 片左右。

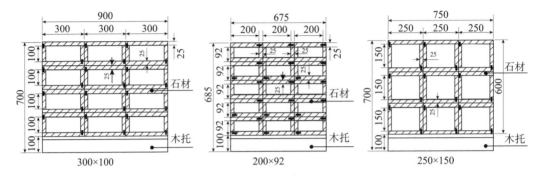

L 形拼接板装箱示意图

工作页 5.1.1

班级：＿＿＿＿＿　　学号：＿＿＿＿＿　　姓名：＿＿＿＿＿

根据石材装箱过程及注意事项，以小组为单位制作一份海报。

班级：_____ 学号：_____ 姓名：_____

评 价 表

年　　月　　日

项次	项目要求		配分	评分细则	自评	小组评价	教师评价
1. 素养（40分）	纪律情况（15分）	按时到岗，不早退	5	违反规定每次扣5分			
		积极思考、回答问题	5	根据上课统计情况得1~5分			
		"三有一无"（有本、笔、书，无手机）	5	违反规定每项扣3分			
		执行教师指令	0	此为否定项，违规酌情扣10~100分，违反校规按校规处理			
	职业道德（10分）	能与他人合作	3	不符合要求不得分			
		主动帮助同学	3	能主动帮助同学，得3分；被动帮助同学，得1分			
		追求完美	4	对工作精益求精且效果明显，得4分；对工作认真，得3分；其余不得分			
	5S（10分）	桌面、地面整洁	5	自己的工位桌面、地面整洁无杂物，得5分；不合格不得分			
		物品定置管理	5	按定置要求放置，得5分；不合格不得分			
	信息获取能力（5分）		5	全部正确且简洁，得5分；部分正确，得1~4分；与内容不符的不得分			

120

项次		项目要求	配分	评分细则	自评	小组评价	教师评价
2. 职业能力（40分）	石材装箱过程及注意事项的海报制作	信息内容	15	信息内容全面，得15分；其他酌情得1~14分			
		小组分工	12	小组分工明确并落实，得12分；小组分工明确但未落实，得5分；其余不得分			
		整洁、无错别字	8	整洁、无错别字，得8分；整洁、有错别字，得3~7分；不整洁、错别字多，得1~2分			
		完成时间	5	在规定时间内完成，得5分；未按时完成不得分			
3. 工作页完成情况（20分）	按时完成工作页	及时提交	5	按时提交得5分；迟交不得分			
		内容完成程度	5	视完成情况得1~5分			
		回答准确率	5	视准确率情况得1~5分			
		有独到的见解	5	视见解独到程度得1~5分			
总分							
加权平均分（自评20%，小组评价30%，教师评价50%）							
教师评价签字：			组长签字：				

请你根据以上打分情况，对自己在本活动中的工作和学习状态进行总体评述（从素养的自我提升方面、职业能力的提升方面进行评述，分析自己的不足之处，描述对不足之处的改进措施）

教师指导意见：

平面动物马赛克拼图制作

　　将本班教室墙壁装饰成具有石材专业特色的文化墙，由石材工艺班学生利用两周时间制作马赛克拼图石材工艺装饰。具体实施方案为：教师提供若干动物图案，全班学生分组选定并设计方案，以投票形式选定最优方案；学校提供材料，合作企业提供场地及设备，学生完成动物马赛克拼图制作；将尺寸正确、粘贴牢固、图案符合效果图的产品贴在本班教室墙壁上。成绩评价标准为：上墙作品成绩评定为优秀，其他作品分为合格及次品。最后，由学生组织作品展览，邀请全校师生参观，以激励学生的学习积极性。

学习单元一　接受任务

学习活动一　平面马赛克拼接石材产品认知

信息页 1.1.1

一、马赛克的含义

马赛克通常是指使用许多小石块或有色玻璃碎片拼成的具有装饰效果的图案。

二、马赛克的用途

马赛克主要用于墙面和地面的装饰。由于马赛克单颗面积小、色彩种类丰富、组合方式很多，设计师利用马赛克可将自己的造型和设计灵感表现得淋漓尽致，尽情展现出其独特的艺术魅力和个性气质。马赛克广泛应用于宾馆、酒店、酒吧、车站、游泳池、娱乐场所、居家墙/地面以及艺术拼花等。

三、马赛克的分类

马赛克按建筑材料分为陶瓷锦砖和玻璃锦砖两种；按照材质、工艺可以分为玻璃材质的马赛克和非玻璃材质的马赛克两种，其中玻璃材质的马赛克按照其工艺又可以分为机器单面切割的马赛克、机器双面切割的马赛克以及手工切割的马赛克等。玻璃材质的马赛克具有色彩斑斓的特点，能给人们在视觉上带来蓬勃生机。非玻璃材质的马赛克按照其材质又可以分为陶瓷马赛克、石材马赛克、金属马赛克等。其中，陶瓷马赛克是一种传统的马赛克，以小巧玲珑著称，但较为单调，档次较低。石材马赛克是将天然石材开介、切割、打磨成各种规格、形态的马赛克块再拼贴而成的马赛克，是最古老和传统的马赛克品种。金属马赛克是使用金属材料（金、银、铜、铂、不锈钢等）制作成砖片再拼贴而成的马赛克，价格较高，是"马赛克家庭"中的奢侈品。

四、马赛克在现实生活中的应用

由于马赛克具有质地坚硬、耐磨、不渗水、抗压力强、不易碎、使用寿命长和色彩多变等特点，现实生活中无处不在，不但被用于宾馆、酒店、游泳池等，在家居装修中的应用也非常广泛，主要用于室内装修中背景墙、玄关和地面等，也可铺贴于浴室、浴缸及户外花坛、水池上。

1. 陶瓷马赛克

陶瓷马赛克的用途十分广泛，新型的陶瓷马赛克广泛用于宾馆、酒店的高层装饰和地面装饰。由于马赛克色彩丰富、单块元素小巧玲珑，可拼成风格迥异的图案，以获得不同的视觉效果，因此也适用于喷泉、游泳池、酒吧、舞厅、体育馆和公园等的装饰。

陶瓷马赛克

2. 石材马赛克

石材马赛克使用寿命长，不会因环境和时间而剥落、变色，属于高档装饰产品，其色泽纯正、典雅大方，广泛应用于各类建筑外墙装饰、室内装饰。但近年来随着大理石马赛克的广泛应用，加上边角料远远不能满足设计师们的创意思想，石材马赛克加工厂逐步改进加工设备并改用大板，甚至购进原石直接加工。这样做虽然大幅度提升了产品的品质，但也使得生产成本有所增加。

石材马赛克

3. 金属马赛克

金属马赛克打破了传统的马赛克工艺，材质坚硬，具有抗热、抗冷、不变色、不变形、耐磨、方便清洁与打理的特点。其独特的金属光泽，给人以高档、时尚、不俗的感觉，是21世纪艺术设计的新宠，适用于展厅、家居、娱乐场所等。

金属马赛克

工作页 1.1.1

班级：_____　　学号：_____　　姓名：_____

1. 根据 PPT 内容，记录关键字。

（1）马赛克的广义概念。

（2）马赛克主要应用于哪些场合？

（3）非玻璃材质的马赛克按照其材质又可以分为哪几种？

----

2. 根据 PPT 中大理石马赛克应用的实例介绍，写出以下几幅图案的应用场合。

----　　　　　　　　　　----

----　　　　　　　　　　----

学习活动二 动物马赛克拼接任务分析

工作页 1.2.1

班级：_____   学号：_____   姓名：_____

绘制动物马赛克拼接产品制作工艺流程图。

班级：_____　　学号：_____　　姓名：_____

评　价　表

年　　　月　　　日

项次	项目要求		配分	评分细则	自评	小组评价	教师评价
1. 素养（40分）	纪律情况（15分）	按时到岗，不早退	5	违反规定每次扣5分			
		积极思考、回答问题	5	根据上课统计情况得1~5分			
		"三有一无"（有本、笔、书，无手机）	5	违反规定每项扣3分			
		执行教师指令	0	此为否定项，违规酌情扣10~100分，违反校规按校规处理			
	职业道德（10分）	能与他人合作	3	不符合要求不得分			
		主动帮助同学	3	能主动帮助同学，得3分；被动帮助同学，得1分			
		追求完美	4	对工作精益求精且效果明显，得4分；对工作认真，得3分；其余不得分			
	5S（10分）	桌面、地面整洁	5	自己的工位桌面、地面整洁无杂物，得5分；不合格不得分			
		物品定置管理	5	按定置要求放置，得5分；不合格不得分			
	快速阅读能力（5）		5	能快速准确明确任务要求并清晰表达，得5分；能主动沟通在指导后达标，得3分；其余不得分			

项次		项目要求	配分	评分细则	自评	小组评价	教师评价
2. 职业能力（40分）	绘制工艺流程图（20分）	信息收集正确简洁	5	全部正确并简洁，得5分；部分正确，得1~4分；与内容不符不得分			
		流程图符号使用正确	5	全部正确得5分；部分正确得1~3分；不清楚不得分			
		工艺流程图效果良好	5	结构合理，流程清晰，得5分；结构合理，得3分；其他情况不得分			
		版面美观	2	版面整洁、美观得2分；其余不得分			
		制作时间	3	在规定时间内完成，得3分；未按时完成不得分			
	制定工作计划（20分）	计划内容具体明确	5	任务和要求具体明确，得5分；其他酌情得1~4分			
		分工明确	4	组员分工明确，得4分；其他酌情得1~3分			
		工作进度安排合理	5	时间划分合理，得5分；时间划分较为合理，得1~4分			
		版面美观	3	图样整洁、干净，线条清晰，得3分；其余不得分			
		完成时间	3	在规定时间内完成，得3分；未按时完成不得分			
3. 工作页完成情况（20分）	按时完成工作页	及时提交	5	按时提交得5分；迟交不得分			
		内容完成程度	5	视完成情况得1~5分			
		回答准确率	5	视准确率情况得1~5分			
		有独到的见解	5	视见解独到程度得1~5分			

项次	项目要求	配分	评分细则	自评	小组评价	教师评价
总分						
加权平均分（自评20%，小组评价30%，教师评价50%）						
教师评价签字：			组长签字：			
请你根据以上打分情况，对自己在本活动中的工作和学习状态进行总体评述（从素养的自我提升方面、职业能力的提升方面进行评述，分析自己的不足之处，描述对不足之处的改进措施）						
教师指导意见：						

学习活动一　制定任务工作计划

信息页 2.1.1

动物马赛克制作流程图

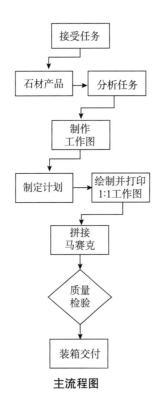

主流程图

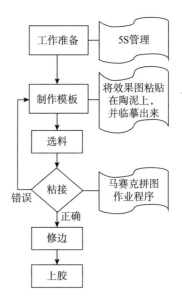

拼接马赛克流程图

工作页 2.1.1

班级：＿＿＿＿　　学号：＿＿＿＿　　姓名：＿＿＿＿

　　以小组为单位讨论和制定工作步骤划分、时间段预估计划表，并注明小组人员工作任务。

学习活动二　参照图样绘制 1∶1 工作图

信息页 2.2.1

一、利用 Photoshop CS6 软件调整图片尺寸

1. 打开与保存文件

（1）打开。运行 Photoshop CS6 软件，选择菜单命令"文件→打开"，选择要打开的文件，单击"打开"按钮，或使用快捷键 < Ctrl + O >。

（2）保存。使用菜单命令"文件→保存"，或使用快捷键 < Ctrl + S >。

2. 调整图片尺寸

（1）标尺与辅助线。标尺用于定位、对齐，可选择菜单命令"视图→标尺"，或使用快捷键 < Ctrl + R >；一般结合辅助线使用，即按住鼠标左键不放，从标尺处直接拉出辅助线。执行"视图→清除参考线"命令，或者按下组合键 < Alt + V + D >，可以清除所有的辅助线。

（2）矩形框选工具。在选区工具中较为常用，使用时只需要在起始点单击鼠标左键不放，然后沿任意方向拖动就可以拉出矩形选区。如果再配合一些快捷键，如 < Alt > < Shift > 等，则可以拉出自己想要的任意矩形或正方形选区。

（3）自由变换工具。选择图层或对象后，选择菜单命令"编辑→自由变换"，或使用快捷键 < Ctrl + T >，调节角点后按 < Enter > 键，完成变换。

二、绘制 1∶1 工作图的步骤与要求

（1）打印 1∶1 图样，尺寸必须符合生产图要求。

（2）将图样与透明纸整齐地叠放在一起（透明纸在上，图样在下）。

（3）使用不溶水性笔在透明纸上绘制 1∶1 工作图。

（4）工作图上的线条要顺畅且清晰。

工作页 2.2.1

班级：_____　　学号：_____　　姓名：_____

1. 用尺子测量模板的尺寸并记录在下面的横线上。

....

....

....

2. 使用 Photoshop 软件按记录的尺寸绘制图案（完成后上传教师机）。

尺寸：_____

3. 完善 Photoshop 软件常用快捷键表。

Photoshop 软件常用快捷键表

快捷键	功能	快捷键	功能
Ctrl + D	取消选区		

班级：_____   学号：_____   姓名：_____

评 价 表

年　　月　　日

项次	项目要求		配分	评分细则	自评	小组评价	教师评价
1. 素养（40分）	纪律情况（15分）	按时到岗，不早退	5	违反规定每次扣5分			
		积极思考、回答问题	5	根据上课统计情况得1~5分			
		"三有一无"（有本、笔、书，无手机）	5	违反规定每项扣3分			
		执行教师指令	0	此为否定项，违规酌情扣10~100分，违反校规按校规处理			
	职业道德（10分）	能与他人合作	3	不符合要求不得分			
		主动帮助同学	3	能主动帮助同学，得3分；被动帮助同学，得1分			
		追求完美	4	对工作精益求精且效果明显，得4分；对工作认真，得3分；其余不得分			
	5S（10分）	桌面、地面整洁	5	自己的工位桌面、地面整洁无杂物，得5分；不合格不得分			
		物品定置管理	5	按定置要求放置，得5分；不合格不得分			
	信息获取能力（5分）		5	全部正确且简洁，得5分；部分正确，得1~4分；与内容不符的不得分			

续表

项次	项目要求		配分	评分细则	自评	小组评价	教师评价
2. 职业能力（40分）	测量模板（20分）	测量工具	10	能正确使用合适的测量工具进行测量，得10分；其他酌情得1~9分			
		记录数据	5	记录数据正确且清晰，得5分；其他酌情得1~4分			
		测量时间	5	在规定时间内完成，得5分；未按时完成不得分			
	用Photoshop软件绘制并打印1:1工作图（20分）	Photoshop软件的使用	5	能熟练、正确使用Photoshop软件，得5分；其他酌情得1~4分			
		Photoshop效果图	5	像素清晰，抠图线条流畅，得5分；其他酌情得1~4分			
		打印效果	5	能正确安装打印驱动程序且打印清晰，得5分；打印图像模糊不得分			
		完成时间	5	在规定时间内完成，得5分；未按时完成不得分			
3. 工作页完成情况（20分）	按时完成工作页	及时提交	5	按时提交得5分；迟交不得分			
		内容完成程度	5	视完成情况得1~5分			
		回答准确率	5	视准确率情况得1~5分			
		有独到的见解	5	视见解独到程度得1~5分			
总分							
加权平均分（自评20%，小组评价30%，教师评价50%）							
教师评价签字：				组长签字：			

请你根据以上打分情况，对自己在本活动中的工作和学习状态进行总体评述（从素养的自我提升方面、职业能力的提升方面进行评述，分析自己的不足之处，描述对不足之处的改进措施）

续表

项次	项目要求	配分	评分细则	自评	小组评价	教师评价
教师指导意见：						

学习单元三 拼接马赛克

学习活动一 工作准备

信息页 3.1.1

马赛克拼花概述

一、石材马赛克

石材马赛克是将天然石材开介、切割、打磨成各种规格、形态的马赛克块后拼贴而成的马赛克，最早的马赛克就是用小石子镶嵌、拼贴而成的。石材马赛克具有纯天然的质感，有非常自然的天然石材纹理。根据其处理工艺的不同，石材马赛克有哑光面和亮光面两种形态，规格有方形、条形、圆角形、圆形和不规则平面、粗糙面等。

石材马赛克的特点：成本较低，价格相对便宜；放射性很小，使用安全；材质易于加工；使用寿命长，不会因环境和时间而剥落、变色；单颗面积小，色彩种类繁多。

在传统印象里，马赛克只出现在卫生间、厨房等地；而现在，马赛克则成了设计师非常喜欢采用的元素，经常出现在玄关、客厅、卧室等地，它们让一些角落变得更美观、更有创意。

马赛克使用案例

二、石材拼花

石材拼花是指将两种以上不同颜色的石材切料，用胶水拼接成具有不同图案造型的装饰产品，在现代建筑中广泛应用于地面、墙面、台面等的装饰。目前市面上很流行的石材马赛克也是石材拼花的一种。

三、石材马赛克拼花操作规程

（1）准备好工具，如各色裸粒石料、盘子、镊子、陶泥、油纸等。

（2）看图领料。

1）辅料，如卷尺、油纸、刷子、钳子。根据生产图所需尺寸、用量将辅料准备好。

2）颗粒材料。将流程图拿到教师处，根据拼图中各种颜色所占比例领取颗粒材料。

3）由教师确认，以免领错材料，避免造成浪费。

工作页 3.1.1

班级：_____　　学号：_____　　姓名：_____

1. 在下面空白处记录打印机的型号与安装方法。

....

2. 看图领料，记录领取的颗粒材料与工具。

（1）在横线上记录图形所用的颗粒材料。

....

（2）在表中填写领取的工具信息。

序号	工具名称	数量	价格	备注
1				
2				
3				
4				
5				
6				
7				
8				

3. 制作马赛克拼接流程图海报。

（1）标题清晰，无错别字。

（2）版面整洁。

（3）组员分工明确。

（4）将本组的海报制作成海报小样，附在工作页之后。

班级：_____　　学号：_____　　姓名：_____

评　价　表

年　　　月　　　日

项次	项目要求		配分	评分细则	自评	小组评价	教师评价
1. 素养（40分）	纪律情况（15分）	按时到岗，不早退	5	违反规定每次扣5分			
		积极思考、回答问题	5	根据上课统计情况得1~5分			
		"三有一无"（有本、笔、书，无手机）	5	违反规定每项扣3分			
		执行教师指令	0	此为否定项，违规酌情扣10~100分，违反校规按校规处理			
	职业道德（10分）	能与他人合作	3	不符合要求不得分			
		主动帮助同学	3	能主动帮助同学，得3分；被动帮助同学，得1分			
		追求完美	4	对工作精益求精且效果明显，得4分；对工作认真，得3分；其余不得分			
	5S（10分）	桌面、地面整洁	5	自己的工位桌面、地面整洁无杂物，得5分；不合格不得分			
		物品定置管理	5	按定置要求放置，得5分；不合格不得分			
	信息获取能力（5分）		5	全部正确且简洁，得5分；部分正确，得1~4分；与内容不符的不得分			

续表

项次	项目要求		配分	评分细则	自评	小组评价	教师评价
2. 职业能力（40分）	测量模板（15分）	测量工具	5	能使用正确的测量工具正确测量，得5分；其他酌情得1~4分			
		记录数据	5	记录数据正确并清晰，得5分；其他酌情得1~3分			
		测量时间	5	在规定时间内完成，得5分；未按时完成不得分			
	用Photoshop软件绘制1:1工作图（25分）	Photoshop软件的使用	7	能熟练运用工具箱工具，得7分；其他酌情得1~5分			
		Photoshop效果图	7	像素清晰，抠图线条流畅，得7分；其他酌情得1~5分			
		打印效果	6	能正确安装打印驱动程序并打印清晰，得6分；打印图像模糊不得分			
		完成时间	5	在规定时间内完成，得5分；未按时完成不得分			
3. 工作页完成情况（20分）	按时完成工作页	及时提交	5	按时提交得5分；迟交不得分			
		内容完成程度	5	视完成情况得1~5分			
		回答准确率	5	视准确率情况得1~5分			
		有独到的见解	5	视见解独到程度得1~5分			
总分							
加权平均分（自评20%，小组评价30%，教师评价50%）							
教师评价签字：			组长签字：				

请你根据以上打分情况，对自己在本活动中的工作和学习状态进行总体评述（从素养的自我提升方面、职业能力的提升方面进行评述，分析自己的不足之处，描述对不足之处的改进措施）

续表

项次	项目要求	配分	评分细则	自评	小组评价	教师评价
教师指导意见：						

学习活动二　制作模板

一、临摹的概念

按照原作仿制书法和绘画作品的过程叫作临摹。临，是指照着原作写或画；摹，是指用薄纸（绢）蒙在原作上面写或画。广义的临摹，所仿制的不一定是字画，也可能是碑、帖等。

二、临摹的要求

（1）清理干净台面，并且台面要平整。

（2）检查泥模的平面度、清洁情况、表面状况和润湿情况。

（3）将 1：1 效果图的图案放置在泥模正中位置。

（4）用手抹平粘在盘子上的陶泥，固定，确保工作图没有皱折。

（5）将 1：1 效果图用刻刀临摹到泥模上，线条必须清晰。

工作页 3.2.1

班级：_____   学号：_____   姓名：_____

1. 写出陶泥平铺要求。

   ....

   ....

   ....

2. 写出模板制作注意事项。

   ....

   ....

   ....

3. 打印效果图并粘贴到下面。

粘

贴

处

班级：_____　　学号：_____　　姓名：_____

评 价 表

年　　　月　　　日

项次	项目要求		配分	评分细则	自评	小组评价	教师评价
1. 素养（40分）	纪律情况（15分）	按时到岗，不早退	5	违反规定每次扣5分			
		积极思考、回答问题	5	根据上课统计情况得1～5分			
		"三有一无"（有本、笔、书，无手机）	5	违反规定每项扣3分			
		执行教师指令	0	此为否定项，违规酌情扣10～100分，违反校规按校规处理			
	职业道德（10分）	能与他人合作	3	不符合要求不得分			
		主动帮助同学	3	能主动帮助同学，得3分；被动帮助同学，得1分			
		追求完美	4	对工作精益求精且效果明显，得4分；对工作认真，得3分；其余不得分			
	5S（10分）	桌面、地面整洁	5	自己的工位桌面、地面整洁无杂物，得5分；不合格不得分			
		物品定置管理	5	按定置要求放置，得5分；不合格不得分			
	快速阅读能力（5分）		5	能快速准确明确任务要求并清晰表达，得5分；能主动沟通，在教师指导后达标，得3分；其余不得分			

147

项次	项目要求		配分	评分细则	自评	小组评价	教师评价
2. 职业能力（40 分）	临摹效果图（20 分）	操作步骤	5	全部正确得 5 分； 部分正确得 1～4 分； 不清楚不得分			
		文字表达	5	全部正确得 5 分； 部分正确得 1～3 分； 不清楚不得分			
		临摹效果	5	线条流畅、图案完整且清晰，得 5 分； 线条流畅、图案完整，得 3 分； 其余不得分			
		版面美观	2	版面整洁、干净，得 2 分； 否则不得分			
		绘制时间	3	在规定时间内完成，得 3 分； 未按时完成不得分			
	平铺陶泥（20 分）	平铺方法	5	全部正确得 5 分； 部分正确得 1～4 分			
		厚度	4	厚度均匀，均为 3 mm，得 4 分； 其他酌情得 1～3 分			
		平面度与湿度	5	表面平滑，不粘手，得 5 分； 表面平滑，得 1～4 分； 表面不平滑，不得分			
		图案清晰美观	3	图样整洁、线条清晰，得 3 分； 否则不得分			
		制作时间	3	在规定时间内完成，得 3 分； 未按时完成不得分			
3. 工作页完成情况（20 分）	按时完成工作页	及时提交	5	按时提交得 5 分； 迟交不得分			
		内容完成程度	5	视完成情况得 1～5 分			
		回答准确率	5	视准确率情况得 1～5 分			
		有独到的见解	5	视见解独到程度得 1～5 分			
总分							
加权平均分（自评 20%，小组评价 30%，教师评价 50%）							
教师评价签字：				组长签字：			

项次	项目要求	配分	评分细则	自评	小组评价	教师评价
请你根据以上打分情况，对自己在本活动中的工作和学习状态进行总体评述（从素养的自我提升方面、职业能力的提升方面进行评述，分析自己的不足之处，描述对不足之处的改进措施）						
教师指导意见：						

学习活动三 选 料

信息页 3.3.1

本活动的主要内容是学生对不同颜色的材料进行分类，了解颜色搭配。关于颗粒分类，可以利用课余时间操作。

一、冷色、暖色和中间色

冷色：如绿色、蓝色、黑色，象征森林、大海、蓝天等，给人以清凉、理智、坚定、沉稳、可靠的感觉，一般在医药、办公、科技方面使用较多。

暖色：如红色、橙色、黄色，象征太阳、火焰等，给人以温暖、热烈、活泼、积极、有力量、愉快的感觉，一般在食品、运动和节日方面使用较多。

中间色：如灰色、紫色、白色，也就是"不冷不热"的色彩。

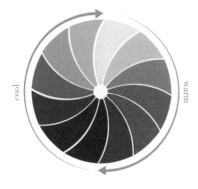

冷色、暖色和中间色

二、颜色搭配原则

冷色＋冷色；暖色＋暖色；冷色＋中间色；暖色＋中间色；中间色＋中间色；纯色＋纯色；冷色（纯色）＋杂色；纯色＋图案。

三、颜色搭配禁忌

冷色＋暖色；亮色＋亮色；暗色＋暗色；杂色＋杂色；图案＋图案。

学习活动四　粘　拼

信息页 3.4.1

一、马赛克拼图作业程序

（1）根据 1∶1 效果图上的颜色选择所需颗粒形状。

（2）用夹子夹住颗粒，颗粒平亮面向上、尖凸面向下。摆放颗粒时一定要按线操作，弧线位置要保证流畅，直线位置要垂直整齐，图案的拼法要统一，死角位置也要做到位，密拼缝隙要密拼。特别需要注意，在拼制时分清颜色，不能放错料，如光面拼图上，就不能出现有哑面的颗粒。

（3）拼制完成后要把图上的废料收拾好，按好坏分类装好后退回教师处，将工具放入工具箱中，将表面的垃圾清理干净。

（4）表面用胶锤打平，保证其平面度，然后再用卷尺检测拼图的外围尺寸是否准确（误差应在 ±0.1 mm 范围内）。

二、注意事项

（1）分清图的正反面。

（2）确保尺寸的准确度。

（3）拼法走向要统一。

（4）检查材料，包括厚度是否符合要求，有无崩边、崩角、拖刀、变形等现象。

（5）表面要干净、平整，无烂面颗粒，按序拼缝。

（6）密缝拼图、拼条，缝要密拼，死角位要统一。

（7）线条要流畅，直线要整齐。

三、质量要求

（1）外围尺寸要准确（误差在 ±0.1 mm 范围内）。

（2）图形拼法基本一致，不能有正反现象。

（3）平面度达标面积要求在 95% 以上。

（4）缝隙要密拼，拼条互换性要好（95% 以上）。

（5）表面要干净，外围不能有多余网纸。

（6）材料要按图配色，颜色要均匀，不能有崩边、崩角、烂面颗粒。

（7）粘颗粒时要看清图案应在的位置，切勿粘错位，否则会导致缝隙不均匀。

班级：_____   学号：_____   姓名：_____

1. 制作马赛克拼接流程图海报。具体要求如下：

（1）标题清晰。

（2）无错别字。

（3）版面整洁。

（4）组员分工明确。

（5）将本组的海报制作成海报小样，附在工作页之后。

2. 填涂下面的色环图与色块，并在括号里填写它们属于哪个色调。

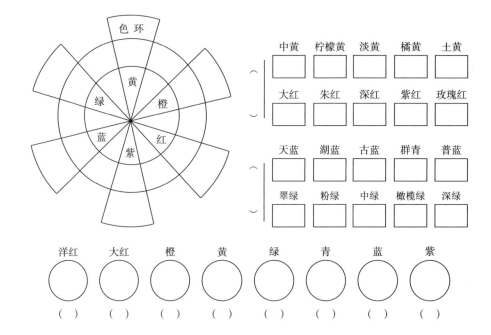

学习活动五　上　胶

信息页 3.5.1

一、白乳胶和复合胶

1. 白乳胶

白乳胶（聚醋酸乙烯胶粘剂）是醋酸乙烯单体在引发剂作用下经聚合反应而制得的一种热塑性胶粘剂，具有可常温固化、固化较快、粘接强度较高、粘接层具有较好的韧性和不易老化等特点。

白乳胶是目前用途最广、用量最大的胶粘剂品种之一。它是以水为分散介质经乳液聚合而得，是一种水性环保胶。由于其具有成膜性好、粘接强度高、固化速度快、耐稀酸稀碱性好、使用方便、价格便宜、不含有机溶剂等特点，被广泛用于家具制造、装修、印刷、纺织、造纸等行业，已成为人们熟悉的一种胶粘剂。

2. 复合胶

复合胶是将两种或两种以上材质复合在一起得到的胶粘剂，如油性复合胶、ET 复合胶、PVC 复合胶、铝膜复合胶、金属复合胶、水性塑塑复合胶。

二、使用方法

1. 白乳胶

白乳胶的使用方法与传统聚醋酸乙烯乳胶的使用方法一样。

（1）木材含水率应控制在 8%～15%，含水率过高或过低都会影响粘接质量。

（2）对基材表面进行处理，使基材表面无油污、灰尘和其他杂质。粘接面必须充分接触。

（3）涂胶应均匀适量。

（4）可室温固化，也可加热固化，最高温度不宜超过 120 ℃。固化时间因温度不同而不同，可根据实际情况确定。

（5）加压时，压力要足够且均匀，应加压 1.5 h 以上，卸压后应存放一段时间。为达到更好的粘接效果，最好是卸压后放置 24 h 再进行加工，72 h 后再进行测试。

（6）可与一些树脂混合使用，像脲醛树脂、酚醛树脂、三聚氰胺树脂等，以改善自身的不耐水性和蠕变性等。

2. 复合胶

（1）可采用手工涂胶或机械辊涂，将胶水倒入胶槽中，选用环保型复合胶水。

（2）两种材质均为多孔性易渗胶的材料时，尽量选用丙烯酸增稠剂，增稠到一定黏度后再复合。

（3）多孔性材料与非多孔性材料复合时，直接将复合胶涂布于非多孔性材料表面，然后高温压覆。

三、保存方法

1. 白乳胶

（1）白乳胶是一款水溶性胶粘剂，在高温下使用白乳胶时，会出现气味大、黏性不稳定等状况。

（2）可以用保鲜膜或塑料膜将白乳胶封好，防止水分流失过快。

（3）在冬天使用时，厂家要提前对白乳胶进行解冻，使其各种物理化学性能得到恢复。注意不要高温解冻，应在 20 ℃左右的环境中，待完全解冻后搅拌均匀再使用，这样可以保证白乳胶的最佳性能。同时，用户在冬天使用白乳胶时，应注意防冻。

（4）白乳胶应储藏在干燥凉爽处，温度控制在 5～40 ℃，保质期约为 1 年。如果长时间未使用，须观察白乳胶状态是否有变化，如果仍呈乳胶状，则可以继续使用。

2. 复合胶

储存于 5～30 ℃的恒温场所，注意防冻，避免阳光直晒。

工作页 3.5.1

班级：_____　　学号：_____　　姓名：_____

1. 利用网络搜索各种白乳胶的名称、价格、生产厂家和用途，并填写在下表中。

序号	名称	价格	生产厂家	用途
1				
2				
3				
4				
5				
6				

2. 利用网络搜索各种复合胶的名称、价格、生产厂家和用途，并填写在下表中。

序号	名称	价格	生产厂家	用途
1				
2				
3				
4				
5				
6				

班级：_____　　学号：_____　　姓名：_____

评　价　表

年　　　月　　　日

项次	项目要求		配分	评分细则	自评	小组评价	教师评价
1. 素养（45分）	纪律情况（15分）	按时到岗，不早退	5	违反规定每次扣5分			
		积极思考、回答问题	5	根据上课统计情况得1～5分			
		"三有一无"（有本、笔、书，无手机）	5	违反规定每项扣3分			
		执行教师指令	0	此为否定项，违规酌情扣10～100分，违反校规按校规处理			
	职业道德（10分）	能与他人合作	3	不符合要求不得分			
		主动帮助同学	3	能主动帮助同学，得3分；被动帮助同学，得1分			
		追求完美	4	对工作精益求精且效果明显，得4分；对工作认真，得3分；其余不得分			
	5S（10分）	桌面、地面整洁	5	自己的工位桌面、地面整洁无杂物，得5分；不合格不得分			
		物品定置管理	5	按定置要求放置，得5分；不合格不得分			
	安全意识（10分）		10	能按马赛克拼图作业程序安全操作，得10分；其余不得分			

项次	项目要求		配分	评分细则	自评	小组评价	教师评价
2. 职业能力（35 分）	粘拼（20 分）	马赛克拼图作业程序	10	能按马赛克拼图作业程序操作，得 10 分；其他酌情得 1～9 分			
		马赛克拼图注意事项	5	能密缝拼图，拼法、走向统一，得 5 分；其他酌情得 1～4 分			
		完成时间	5	在规定时间内完成，得 5 分；未按时完成不得分			
	上胶（15 分）	调胶	5	能使用正确的胶粘剂并按 1∶3 的比例调胶，得 5 分；其他酌情得 1～4 分			
		上胶	5	能均匀上胶，不积胶，得 5 分；其他酌情得 1～4 分			
		完成时间	5	在规定时间内完成，得 5 分；未按时完成不得分			
3. 工作页完成情况（20 分）	按时完成工作页	及时提交	5	按时提交得 5 分；迟交不得分			
		内容完成程度	5	视完成情况得 1～5 分			
		回答准确率	5	视准确率情况得 1～5 分			
		有独到的见解	5	视见解独到程度得 1～5 分			
总分							
加权平均分（自评 20%，小组评价 30%，教师评价 50%）							
教师评价签字：　　　　　　　　　　　　　　　　组长签字：							
请你根据以上打分情况，对自己在本活动中的工作和学习状态进行总体评述（从素养的自我提升方面、职业能力的提升方面进行评述，分析自己的不足之处，描述对不足之处的改进措施）							

续表

项次	项目要求	配分	评分细则	自评	小组评价	教师评价
教师指导意见：						

学习活动六　修　　边

由于上胶过程中会将颗粒粘起，因此修边应与上胶同步进行。

学习单元四　质量检验

学习活动一　质量检验

信息页 4.1.1

马赛克质量检验标准如下：

（1）外围尺寸要准确（误差在 ±0.1 mm 范围内）。

（2）图形拼法基本一致，不能有正反现象。

（3）平面度合格面积要达到95%以上。

（4）缝隙要密拼，拼条互换性要好（95%以上）。

（5）表面要干净，外围不能有多余网纸。

（6）材料要按图配色，颜色要均匀，不能有崩边、崩角、烂面颗粒。

工作页 4.1.1

班级：_____　　学号：_____　　姓名：_____

1. 填写马赛克质量检验标准表。

年　　月　　日　　　　　　总分 100 分，得分≥95 为合格　得分：_____

考核内容	分值	扣分标准	扣分原因	检验人员	实际得分
1. 拿起来摇晃，检查有没有颗粒掉下来	20	每掉 2 个颗粒扣 5 分			
2. 图形拼法基本一致，颜色均匀，不能有正反现象	10	拼法错乱扣 2 分；颜色与效果图不符每处扣 3 分			
3. 平面度合格面积要达到 95% 以上	15	凹凸不平面积每超过总面积的 2% 扣 3 分			
4. 缝隙要均匀、线条要流畅，缝隙均匀度应达到 98% 以上	15	缝隙误差应在 ±0.1 mm 之间，超过 ±0.1 mm 扣 5 分			
5. 颗粒位置要与效果图一致，整体效果与效果图一致	15	每粘错一个部位扣 5 分			
6. 表面无残留白乳胶和刷毛等杂物，干净的表面面积应达到总面积的 98% 以上	25	表面有残留物每处扣 5 分			

自我小结：

....

....

....

....

2. 将作品拍照后打印出来，粘贴在下面（彩图）。

粘

贴

处

学习单元五　产品装箱

学习活动一　产品装箱

信息页 5.1.1

一、马赛克装箱基本要求

（1）将粘贴后的石材马赛克成品装入规格纸箱。

（2）纸箱外应有生产厂家、生产日期、国标统一编号等标识。

（3）注明数量、规格型号、通信地址、联系电话。

二、马赛克装箱注意事项

（1）包装须牢固，便于装卸；包装时，每组必须靠紧，以防破损。

（2）包装箱上须注明箱号及装箱清单。

（3）用塑料膜包装，以防淋雨。

（4）工件表面要用泡沫材料支垫，包装箱底部须加两条横木，以便于装卸。

工作页 5.1.1

班级：_____   学号：_____   姓名：_____

1. 制作马赛克装箱过程及注意事项的海报，附在工作页之后。

（1）上网搜索马赛克装箱过程及注意事项的相关信息或视频。

（2）将搜索到的信息作为海报的内容。

（3）要求标题清晰、无错别字、版面整洁、组员分工明确。

2. 按现场管理 5S 要求清理场地。

班级：_____　　学号：_____　　姓名：_____

评　价　表

年　　　月　　　日

项次	项目要求		配分	评分细则	自评	小组评价	教师评价
1. 素养（45分）	纪律情况（15分）	按时到岗，不早退	5	违反规定每次扣5分			
		积极思考、回答问题	5	根据上课统计情况得1～5分			
		"三有一无"（有本、笔、书，无手机）	5	违反规定每项扣3分			
		执行教师指令	0	此为否定项，违规酌情扣10～100分，违反校规按校规处理			
	职业道德（10分）	能与他人合作	3	不符合要求不得分			
		主动帮助同学	3	能主动帮助同学，得3分；被动帮助同学，得1分			
		追求完美	4	对工作精益求精且效果明显，得4分；对工作认真，得3分；其余不得分			
	5S（15分）	桌面、地面整洁	10	自己的工位桌面、地面整洁无杂物，得10分；不合格不得分			
		物品定置管理	5	按定置要求放置，得5分；不合格不得分			
	信息获取能力（5分）		5	全部正确且简洁，得5分；部分正确，得1～4分；与内容不符的不得分			

项次	项目要求		配分	评分细则	自评	小组评价	教师评价
2. 职业能力（35分）	质量检验（20分）	检验工具的准备	5	能按马赛克拼图质量检验标准准备检验工具，得5分；其他酌情得1~4分			
		检验产品	10	能按马赛克拼图质量检验标准检验产品，得10分；其他酌情得1~9分			
		质量检验时间	5	在规定时间内完成，得5分；未按时完成不得分			
	产品装箱（15分）	装箱准备工作	5	能按马赛克装箱要求及清单准备工具和材料，得5分；其他酌情得1~4分			
		产品装箱	5	能按产品装箱基本要求装箱，得5分；其他酌情得1~4分			
		完成装箱时间	5	在规定时间内完成，得5分；未按时完成不得分			
3. 工作页完成情况（20分）	按时完成工作页	及时提交	5	按时提交得5分；迟交不得分			
		内容完成程度	5	视完成情况得1~5分			
		回答准确率	5	视准确率情况得1~5分			
		有独到的见解	5	视见解独到程度得1~5分			
总分							
加权平均分（自评20%，小组评价30%，教师评价50%）							
教师评价签字：			组长签字：				
请你根据以上打分情况，对自己在本活动中的工作和学习状态进行总体评述（从素养的自我提升方面、职业能力的提升方面进行评述，分析自己的不足之处，描述对不足之处的改进措施）							

项次	项目要求	配分	评分细则	自评	小组评价	教师评价
教师指导意见：						

平面风景马赛克拼图制作

　　将本班教室墙壁装饰成具有石材专业特色的文化墙，由石材工艺班学生利用两周时间制作马赛克拼图石材工艺装饰。具体实施方案为：教师提供若干风景图案，全班学生分组选定并设计方案，以投票形式选定最优方案；学校提供材料，合作企业提供场地及设备，学生完成风景马赛克拼图制作；将尺寸正确、粘贴牢固、图案符合效果图的产品贴在本班教室墙壁上。成绩评价标准为：上墙作品成绩评定为优秀，其他作品分为合格及次品。最后，由学生组织作品展览，邀请全校师生参观，以激励学生的学习积极性。

学习单元一　接受任务

学习活动一　石材马赛克拼图产品认知

信息页 1.1.1

一、石材马赛克拼图

早在 18 世纪 60 年代，法、英两国就几乎同时出现了拼图玩具。这种玩具是把一张图片粘在硬纸板上，然后把它剪成不规则的小碎片，再拼接成完整的图案。

石材马赛克拼图是指用大理石马赛克、花岗石马赛克、玉石马赛克、洞石马赛克、异形马赛克、艺术腰线马赛克等产品做成的拼图。

二、石材风景马赛克拼图材料及其用途

石材风景马赛克拼图主要是用大理石、花岗石、玉石、洞石等材料，结合风景图拼接而成的，主要用于地面、墙面、屏风、玄关、壁挂、壁画、桌面、茶几台面等部位的装饰。

背景画

装饰品

地面

玄关

三、石材马赛克拼图加工工艺

石材马赛克拼图是一种将板材的边角料变成拼花装饰的工艺方法。其制作实际上是一个艺术创作的过程，是将以厚度≤10 mm 的正多边形薄型石材为主，以圆形、三角形或其他形状的薄型石材为辅的石材边角料粘接到一块整体石材上，组成不同艺术图案的石材拼花制品。

工作页 1.1.1

班级：_____   学号：_____   姓名：_____

1. 列举三种以上风景马赛克拼图产品的常见用途。

....

....

2. 上网查找（市场了解）云浮市生产马赛克产品的企业，以及这些企业主要生产哪种马赛克产品，并将结果写在下面的横线上。（要求写出三家以上）

....

....

3. 按要求连线。

玄关

背景墙

壁画

台面

屏风

学习活动二　平面风景马赛克拼图制作任务分析

信息页 1.2.1

一、马赛克背景墙拼花工艺

石材拼花马赛克的制作主要是石材拼花块的加工，拼花的原料主要来自板材加工厂在裁板切割时所剩的边角料，最好是厚度在 1 cm 以下的薄板切割剩下的边角料，石材的品种、花色越多越好。马赛克拼花多数采用哑光或粗糙表面的石材，有时也使用抛光表面的石材，尺寸一般是 2 ~ 3 cm 见方，根据需要也可以选择更大的尺寸。小批量生产或制作单件石材拼花马赛克产品时，可以使用带有一个金刚石锯片的小型台式切割机切割马赛克拼花块，也可以使用带有上下切断磨具的小型液压切割机加工马赛克拼花块。加工花岗石马赛克拼花块时，只能一块一块地切割；如果希望大批量生产形状规则的大理石马赛克拼花块，可以使用桥式切割机，将若干块板材叠放在一起，用专门的夹具固定后，一次可以切割几块拼花块，加工效率较高。

对于抛光表面的马赛克拼花块，可以直接从光板的边角料中切割获取。而对于哑光或粗糙表面的拼花块，则需要进行毛面处理。首先将 1 ~ 2 cm 厚、不同颜色的废弃板材边角料切割成正方形、矩形、三角形、菱形或其他可作为拼花基本形状的规则拼花块，并放入滚筒中。当滚筒旋转时，板材之间相互摩擦，最终形成形状规则、边角圆滑、表面哑光、磨损程度一致的毛面拼花块。

石材拼花马赛克图案的铺设方法有三种。第一种是在整体板材上直接粘贴、拼接图案，称为直接拼装法。第二种是背纸法，类似于玻璃马赛克，先将拼好的图案粘贴到牛皮纸网上，用混凝土直接粘于安装面上，固化后去掉纸网即可。第三种是支架法，可预先按照设计图案，制作一些 ABS 塑料支架，每一块毛面石材均对应于一个支架，用螺钉将支架固定在安装面上，然后用胶粘剂将石材粘到支架上。

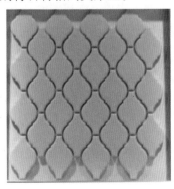

直接拼装法

直接拼装法适用于抛光表面石材，背纸法和支架法则适用于毛面石材。其中，背纸法由于在工厂生产时，已将拼花图案预先设计好，所以画面的构图单一、呆板，缺乏艺术创造力，但其安装简便，非常适合工厂的标准化、大批量生产模式；支架法虽然安装较复杂，但可以由安装者按照预先设计的花纹、造型进行构图制作，留给安装者发挥想象的空间较大。

二、马赛克拼图产品制作流程

1. 接受任务

（1）接单（客户提供或自己设计）。

（2）根据客户要求制作 1：1 生产图（即图样）。

2. 准备工作

（1）准备好工具，如工具箱、磨机、吸尘器、钳子、剪刀、卷尺、篮子、封口胶等。

（2）准备辅料，如玻璃纸、纸网、透明胶纸等。先根据生产图所需尺寸将辅料裁剪好，做好准备。

（3）领取颗粒材料。拿着流程图到物料组，根据拼图中各种颜色所占比例领取颗粒材料。

（4）按 20 kg/m² 分配材料，如深啡 5 kg、浅啡 5 kg、西米 10 kg；从物料员处领用材料，以免因拿错材料而造成浪费。

3. 拼接

（1）清理干净台面，并保证台面平整。

（2）粘图样。先把图样铺平整，然后用手抹平，再用封口胶把外边粘住，最后固定，保证图样没有皱折、可以移动等现象。

（3）检查拼图、拼条的外围尺寸是否准确。用卷尺检查圆的直径（尺寸误差在 ±0.1 mm 以内）；用卷尺对准两边外围的平行线或对角线，检查正方形的尺寸（误差在 ±0.1 mm 以内）；检查拼条的长、宽尺寸（尺寸误差在 ±0.05 mm 以内）。

（4）检查图形是否正确。按照流程图对比 1：1 生产图，检查是否有正反现象。

（5）粘玻璃纸。根据拼图的尺寸选择玻璃纸，然后将其铺在图样上并抹平，用封口胶把外边固定住。

（6）拼接。根据流程图上的颗粒颜色，以及 1：1 生产图上的颗粒形状，用钳子夹取颗粒。摆放颗粒时一定要跟线走，弧线位置要保持流畅，直线位置要竖直整齐，图案的拼法要统一，死角位置也要做到位，缝隙要密拼。拼制时特别要注意分清颜色，不能放错料，若为光面拼图，则不能出现毛面颗粒；拼条的互换性一定要好。

（7）5S 检查。拼制完成后要把图上的废料收拾好，按好坏分类装好，退回物料组；将工具放入工具箱中；清理干净表面垃圾，用胶锤把表面敲平，保证平面度；然后用卷尺检测拼图的外围尺寸是否准确（误差在 ±0.1 mm 以内）。

（8）上胶。在辅料组领取适量的网和胶（如图的尺寸是 1000 mm×1000 mm，就领用 1100 mm×1100 mm 的网），先把网铺在打胶台面上，用勺子盛取适量的白乳胶，再用排刷把胶涂在网上并刷均匀，最后铺在拼图上面，并用排刷以适当的力度再次把胶刷均匀。

（9）晾干。等胶自然风干后把拼图翻到正面，把玻璃纸撕干净，然后用剪刀沿着拼图外围把多余的网剪掉，剪到与外围颗粒相重叠，而且不能有打手现象，肉眼看上去要干净利落，无多余网纸。

（10）自检、收货。剪好网之后再自检一遍，看表面是否平整、有没有烂面颗粒；检查尺寸是否准确、图形是否统一，如有问题应及时修复，直到基本达到生产要求。最后交到质检区，由质检人员验收合格后再放入指定的成品区内。

4. 注意事项

（1）图的正反面要正确。

（2）保证尺寸的准确度。

（3）拼法走向要统一。

（4）检查材料，包括厚度是否符合要求，以及有无崩边、崩角、拖刀、变形等现象。

（5）表面要干净、平整、无烂面颗粒，而且要按序拼缝。

（6）密缝拼图、拼条，缝要密拼，死角位要统一。

（7）线条要流畅，直线边要齐。

5. 质量要求

（1）外围尺寸要准确（误差在 ±0.1 mm 以内）。

（2）图形拼法应基本一致，不能有正反现象。

（3）平面度符合要求的面积要达到总面积的 95% 以上。

（4）缝隙要密拼，拼条互换性要好（95% 以上）。

（5）表面要干净，外围不能有多余的网纸。

（6）材料要按图配色，颜色要均匀，不能有崩边、崩角、烂面颗粒。

工作页 1.2.1

班级：_____   学号：_____   姓名：_____

在下面方框中画出风景马赛克拼图产品制作流程图。

班级：_____　学号：_____　姓名：_____

评　价　表

年　　月　　日

项次	项目要求		配分	评分细则	自评	小组评价	教师评价
1. 素养 （40分）	纪律情况 （15分）	按时到岗，不早退	5	违反规定每次扣5分			
		积极思考、回答问题	5	根据上课统计情况得1~5分			
		"三有一无"（有本、笔、书，无手机）	5	违反规定每项扣3分			
		执行教师指令	0	此为否定项，违规酌情扣10~100分，违反校规按校规处理			
	职业道德 （10分）	能与他人合作	3	不符合要求不得分			
		主动帮助同学	3	能主动帮助同学，得3分；被动帮助同学，得1分			
		追求完美	4	对工作精益求精且效果明显，得4分；对工作认真，得3分；其余不得分			
	5S （10分）	桌面、地面整洁	5	自己的工位桌面、地面整洁无杂物，得5分；不合格不得分			
		物品定置管理	5	按定置要求放置，得5分；不合格不得分			
	快速阅读能力（5分）		5	能快速准确明确任务要求并清晰表达，得5分；能主动沟通，在教师指导后达标，得3分；其余不得分			

续表

项次		项目要求	配分	评分细则	自评	小组评价	教师评价
2. 职业能力（40分）	流程图手稿版（20分）	流程图符号正确	5	全部正确得5分；部分正确得1~4分；不清楚不得分			
		文字表述清楚	5	全部正确得5分；部分正确得1~4分			
		流程说明清晰	5	外形美观，得到半数以上认可，得5分；外观尚可，得到接近半数认可，得3分；得到5~10人认可，得2分；认可人数少于5人，得1分			
		版面美观	2	图样整洁、干净，线条清晰，得2分；否则不得分			
		绘制时间	3	在规定时间内完成，得3分；未按时完成不得分			
	流程图电子版（20分）	流程图绘制规范	5	流程图绘制规范、合理，得5分；流程图绘制及标注有缺陷，得1~4分			
		布局合理	4	布局合理、结构对称，符合流程图要求，得4分；其他酌情得1~3分			
		图样美观	5	图样整洁、干净，线条清晰，得5分；其他酌情得1~4分			
		颜色搭配合理	3	颜色搭配符合配色原则，得3分；颜色搭配不符合配色原则，得1~2分			
		绘制时间	3	在规定时间内完成，得3分；未按时完成不得分			

项次	项目要求		配分	评分细则	自评	小组评价	教师评价
3. 工作页完成情况（20分）	按时完成工作页	及时提交	5	按时提交得5分；迟交不得分			
		内容完成程度	5	视完成情况得1~5分			
		回答准确率	5	视准确率情况得1~5分			
		有独到的见解	5	视见解独到程度得1~5分			
总分							
加权平均分（自评20%，小组评价30%，教师评价50%）							
教师评价签字：				组长签字：			
请你根据以上打分情况，对自己在本活动中的工作和学习状态进行总体评述（从素养的自我提升方面、职业能力的提升方面进行评述，分析自己的不足之处，描述对不足之处的改进措施）							
教师指导意见：							

学习单元二　制作工作图

学习活动一　制定任务工作计划

信息页2.1.1

一、制定工作计划的目的

有了工作计划，就有了明确的目标和具体的步骤，大家就可以协调行动，从而增加工作主动性，减少盲目性，使工作有条不紊地进行。同时，计划本身又是工作进度和质量的考核标准，对相关人员有较强的约束和督促作用。

工作计划就是对即将开展的工作的设想和安排，如提出任务、指标、完成时间和实施步骤等。工作计划是提高工作效率的有效手段，是我们走向积极式工作的起点，落实工作计划的能力也是管理水平的体现。计划对工作既有指导作用，又有推动作用。

管理者必须明确其所在部门的工作任务与目标，通过制定工作计划，利用可以使用的资源，统筹规划，按照事先设定的策略、方法、时间要求等，完成各项工作目标。制定工作计划实际上是对工作的一次盘点，有助于我们开展工作。

二、工作的两种形式

（1）消极式的工作，又叫救火式的工作，是指在灾难和错误已经发生后再进行处理。

（2）积极式的工作，又叫防火式的工作，是指预见灾难和错误，提前计划，消除错误。

三、制定工作计划的要求

（1）工作计划不是"写"出来的，而是"做"出来的。

（2）计划的内容远比形式重要，不需要华丽的辞藻，而应记录真实有用的内容。

（3）要求简明扼要、具体明确，用词造句必须准确，不能含糊。

（4）简单、清楚、可操作是对工作计划的基本要求。

四、制定工作计划的步骤

（1）根据上级的指示和市场的现实情况，确定工作方针、工作任务、工作要求，再据此确定工作的具体步骤。

（2）根据工作中可能出现的偏差、缺点、障碍、困难，预先制定确定克服办法和措施，以免在发生问题时工作陷于被动。

（3）根据工作任务的需要，组织并分配力量、资源，明确分工。

（4）制定计划草案后，应交相关的人员进行讨论。

（5）在实践中进一步修订、补充和完善计划。

五、工作计划的表现形式

（1）条文形式。详细的计划多采用条文形式。

（2）表格形式。简单的计划多采用表格形式。

（3）文件形式。时限长的计划多采用文件形式。

六、工作计划的标题

计划的标题包括四个方面的内容，即计划单位名称、计划时限、计划内容摘要和计划名称。

（1）计划单位名称要用规范的称呼。

（2）计划时限要具体写明，一般时限不明显的可以省略。

（3）计划内容摘要要标明计划所针对的问题。

（4）计划名称要根据实际情况来确定，要求确切、清晰。

如果所制定计划还需要讨论定稿或经上级批准，则应该在标题的后面或下方用括号加注"草案""初稿"或"讨论稿"字样；如果是个人计划，则不必在标题中写出名字，而是应在正文右下方的日期之上署名。

七、工作计划的要素

（1）工作内容：做什么（what）——工作目标、任务。计划应规定在一定时间内所完成的目标、任务和应达到的要求，而且应该具体明确。

（2）工作方法：怎么做（how）——采取的措施、办法。要明确何时实现目标和完成任务，就必须制定相应的措施和方法，这是实现计划的保证。措施和方法主要是指达到既定目标需要采取什么手段，借助哪些力量与资源，创造什么条件，排除哪些困难等。

八、工作计划的格式及内容

1. 工作计划的格式

工作计划大体分为标题、正文和结尾三部分。

（1）标题，由单位名称、适用时期、内容和文种构成。

（2）正文，由前言和计划事项构成。

1）前言，要简明扼要地说明制定计划的目的或依据，提出工作的总任务或总目标。前言常用"为此，今年（或某一时期）要抓好以下几项工作"作为总结，并领起下述计划事项。

2）计划事项，是总计划下面的各个分计划项目。这部分一般要分项来写，有时大的项目下还有小的项目，大的项目是指在大的方面要做的工作，小的项目则是其下要做的每一项工作。

（3）结尾，写出制定计划的日期，个人计划还需署名。

2. 工作计划的内容

（1）情况分析（制定计划的根据）。制定计划前，要分析研究工作现状，充分了解下一步工作是在什么基础上进行的，是依据什么来制定的计划。

（2）工作任务和要求（做什么）。根据需要与现实条件，规定出一定时期内应完成的任务和应达到的工作指标。

（3）工作的方法、步骤和措施（怎样做）。在明确了工作任务以后，还需要根据主客观条件，确定工作的方法和步骤、需要采取的措施，以保证按时完成工作任务。

九、工作计划表

工作计划表（样表1）

每周工作计划表					
网点	周一	周二	周三	周四	周五
分行营业部					
中山支行					
园区支行					
沙河口支行					
西岗支持					
软件园支行					
开发区支行					
渤海支行					
长兴岛支行					
丹东支行					
本部					

工作计划表（样表2）

每周工作计划表							
部门		负责人		日期			
时间	工作内容	达成结果	完成情况	未完成原因	解决措施	备注	
周一	1. 记熟所有类型真空泵的基本参数； 2. 整理并记住三个热油泵型号； 3. 查找并阅读相关资料						
周二	1. 复习财一内容； 2. 整理并记住四个热油泵型号； 3. 查找并阅读相关资料		1. 完成				
周三	1. 复习财一、财二内容； 2. 整理并记住四个热油泵型号； 3. 查找并阅读相关资料						
周四	1. 复习财二、财三内容； 2. 整理并记住三个侧槽泵型号； 3. 查找并阅读相关资料		2. 未完成				
周五	1. 复习财三、财四内容； 2. 整理并记住三个侧槽泵型号； 3. 查找并阅读相关资料						

工作计划表（样表3）

教学工作计划表

院系　　　年级　　　专业　　　学年第　　学期　　年　月　日

序号	课程名称	课程类型	上课周数	教学时数					分班情况	任课教师						考试考查
				周学时			学分	总学时		主讲教师			助课教师			
				讲授	实验	习题讨论				姓名	职称	学位	姓名	职称	学位	
1																
2																
3																
4																
5																

续表

序号	课程名称	课程类型	上课周数	教学时数					分班情况	任课教师						考试考查
				周学时			学分	总学时		主讲教师			助课教师			
				讲授	实验	习题讨论				姓名	职称	学位	姓名	职称	学位	
6																
7																
8																
9																
10																
	合计			26			13									

填写一式两份报送教务处审批　　　　教务秘书：　　　　　　　　教学系主任：

工作计划表（样表4）

序号	项目名称	工作内容	预计完成时间	实际完成时间	备注
1					
2					
3					
4					
5					
6					
7					
8					
9					
10					

工作页 2.1.1

班级：＿＿＿＿＿　　学号：＿＿＿＿＿　　姓名：＿＿＿＿＿

制定工作步骤划分及时间安排计划表，并注明小组成员分工情况。

序号	任务名称	计划完成时间	完成情况	实际完成时间	备注
1					
2					
3					
4					
5					
6					
7					
8					

小组成员分工情况表

学习活动二 参照图样绘制1：1工作图

信息页2.2.1

一、了解绘图软件的学习网站

（略）

二、使用CAD软件绘图

1.绘制直线

用"直线"（LINE）命令可以创建一系列的连续直线段，每条线段都可以独立于其他线段，可分别对其进行编辑。

（1）命令：_LINE。

（2）菜单命令：绘图→直线。

（3）工具栏。

（4）命令及提示。

命令：_LINE

指定第一点：（指定直线的起点）

指定下一点或【放弃（U）】：（指定直线的端点）

指定下一点或【放弃（U）】：（指定下一条直线的端点，形成折线）

指定下一点或【闭合（C）/放弃（U）】：（继续指定下一条直线的端点，直至按<Enter>键、空格键或<Esc>键终止直线命令）

（5）参数说明。

1）闭合：在"指定下一点或【闭合（C）/放弃（U）】："提示下输入"C"（或小写），则将刚才所画的折线封闭起来，形成一个封闭的多边形。

2）放弃：在"指定下一点或【闭合（C）/放弃（U）】："提示下输入"U"（或小写），则取消刚才画的线段，退回到前一线段的终点。

2.设置线型、线宽和颜色

（1）线型。绘制工程图时经常需要采用不同的线型来绘图，如虚线、中心线等。

（2）线宽和颜色。工程图中不同的线型有不同的线宽要求。用AutoCAD绘制工程图时，有两种确定线宽的方式。一种方法与手工绘图一样，即直接用不同的宽度表示构成图形对象的线条；另一种方法是用不同颜色表示有不同线宽要求的图形对象，但其绘图线宽仍采用AutoCAD的默认宽度，不设置具体的宽度，当通过打印机或绘图仪输出图形时，利用打印样式将不同颜色的对象设成不同的线宽，即在AutoCAD环境中显示的图形没有线宽，而通过绘图仪或打印机将图形输出到图纸上后会反映出线宽。

3. 绘制实体线

"TRACE"命令用于生成具有一定宽度的实体线。

（1）命令：_TRACE。

（2）命令及提示。

命令：_TRACE

指定宽线宽度 <1.0000>：

指定起点：

指定下一点：

（3）参数说明。

宽线宽度：指定宽线的宽度。

（4）颜色。用 AutoCAD 绘制工程图时，可以用不同的颜色表示不同线型的图形对象。AutoCAD 2010 提供了丰富的颜色方案供用户使用，最常用的颜色方案是采用索引颜色，即用自然数表示颜色，共有 255 种颜色。其中，1~7 号为标准颜色，1 表示红色，2 表示黄色，3 表示绿色，4 表示青色，5 表示蓝色，6 表示洋红色，7 表示白色（如果绘图背景的颜色是白色，则 7 号颜色显示成黑色）。

4. 绘制多线

多线可包含 1~16 条平行线，这些平行线称为元素。通过指定距多线初始位置的偏移量来确定元素的位置；可以创建和保存多线样式或使用包含两个元素的默认样式；也可以设置每个元素的颜色和线型，显示或隐藏多线的接头。所谓接头，是那些出现在多线元素每个顶点处的线条。有多种类型的封口可用于多线。

（1）设置多线样式。

1）菜单命令：格式→多线样式。

2）命令：_MLSTYLE。

启用多线样式命令后，弹出"多线样式"对话框，显示当前的多线样式。

3）选项及说明。

①当前。在"当前"编辑框中单击下拉菜单按钮，选择已定义的多线的名称，保持原有线型特性或修改其线型特性，将其设定成当前多线线型。

②名称。在"名称"编辑框中输入设置的线型名称，单击"增加"按钮，把名称显示的线型名称加到当前的多线文件中。

③加载。可以从多线线型库中调出多线，单击后弹出"加载多线样式"对话框。可以浏览文件，从中选择线型进行加载。

④保存。可以保存自己设定的多线，单击后弹出"保存多线样式"对话框，可以另取线型名称，设置保存路径。

⑤ 添加。把"名称"编辑框中显示的文件添加到当前的多线文件中。

⑥ 重命名。更改当前的多线样式名称。

⑦ 元素特性。单击后弹出"元素特征"对话框，其中：添加，表示添加线条，如添加一条，则变成三条线的多线（最多能添加 16 条线）；删除，表示删除线条，即在原有的线条数上减去一条。

⑧ 偏移。选定多线中的某条线（在元素列表中），输入数值可设定或改变其相对于偏移点的偏移值，该值可为正值、负值或零。

⑨ 颜色。选定多线中的某条线，单击"颜色"按钮，弹出"选择颜色"对话框，选定某种颜色并双击，就设置好了这条线的颜色。

⑩ 线型。选定多线中的某条线，单击"线型"按钮，弹出"选择线型"对话框，选定某一线型并双击，就设置好了这条线的线型。

⑪ 多线特征。单击后弹出"多线特征"对话框，其中有些内容必须和元素特性相配合才可生效：显示连接对话框，控制连接时是否显示连接状况；封口，用不同的形状来控制封口，复选框分别控制起点和终点是否封口；角度，设定封口的角度；填充，复选框控制是否填充，颜色决定填充色，可以在颜色列表中选择。

（2）绘制多线操作。

1）命令：_MLINE。

2）菜单命令：绘图→多线。

3）工具栏。

4）命令及提示。

命令：_MLINE

当前设置：对正 = 上，比例 = 20.00，样式 = STANDARD

指定起点或｛对正（J）/比例（S）/样式（ST）｝:（指定多线的起点）

指定下一点：（指定多线的第二点）

指定下一点或【放弃（U）】:（指定多线的第三点，可放弃返回的上一点）

指定下一点或【闭合（C）/放弃（U）】:（指定多线的下一点，可闭合该多线）

5）参数说明。

① 对正：设置基准对正位置，包括以下三种（默认值为止）：上（T），以多线的外侧线为基准绘制多线；无（Z），以多线的中轴线为基准，即 0 偏差位置绘制多线；下（B），以多线的内侧线为基准绘制多线。

② 比例：设定多线的比例，即两条平行线之间的距离大小。

③ 样式：输入采用的多线样式名，默认为"STANDARD"。

④ 放弃：取消最后绘制的一段多线。

5. 绘制多段线

多段线由不同宽度的、首尾相连的直线段或圆弧段依次组成，作为单一对象使用，是一个整体。使用多段线命令可以一次编辑所有的线段，也可以分别编辑各线段。绘制弧线段时，弧线的起点是前一个线段的端点。可以指定圆弧的角度、圆心、方向或半径。通过指定第二点和一个端点也可以完成弧的绘制。

（1）命令：_PLINE。

（2）菜单命令：绘图→多段线。

（3）工具栏。

（4）命令及提示。

命令：_PLINE

指定起点：（指定多段线的起点）

当前线宽为0.0000（系统默认的当前线宽）

指定下一个点或【圆弧（A）/半宽（H）/长度（L）/放弃（U）/宽度（W）/A（进入画圆弧状态）】：

指定圆弧的端点或【角度（A）/圆心（CE）/方向（D）/半宽（H）/直线（L）/半径（R）/第二个点（S）/放弃（U）/宽度（W）】：（可按＜Enter＞键结束命令，也可进入其他操作项）

（5）参数说明。

1）圆弧：由直线转换为圆弧方式，绘制圆弧多段线，同时提示转换为绘制圆弧的系列参数。

2）端点：输入绘制圆弧的端点。

3）角度：输入绘制圆弧的角度。

4）圆心：输入绘制圆弧的圆心。

5）方向：确定圆弧的方向。

6）半宽：输入多段线宽度的一半。

7）直线：转换成直线绘制方式。

8）半径：输入圆弧的半径。

9）第二个点：输入决定圆弧的第二个点。

10）放弃：放弃最后绘制的一段圆弧。

11）宽度：输入多段线的宽度。

6．绘制多边形

除了可以用"LINE"和"PLINE"命令定点绘制多边形外，还可以用"POLYGON"和"RECTANG"命令方便地绘制正多边形和矩形。

（1）绘制正多边形。在AutoCAD中可以精确绘制边数多达1024的正多边形。创建正多边形是绘制正方形、等边三角形和正八边形等的简便方式。

1）命令：_POLYGON。

2）菜单命令：绘图→正多边形。

3）工具栏。

4）命令及提示。

命令：_POLYGON

输入边的数目＜4＞：

指定正多边形的中心点或【边（E)】：

输入选项【内接于圆（I)/外切于圆（C)】＜I＞：

指定圆的半径：

5）参数说明。

① 边的数目：输入正多边形的边数，最大为1024，最小为3。

② 中心点：指定绘制的正多边形的中心点。

③ 边：采用输入其中一条边的方式产生正多边形。

④ 内接于圆：绘制的正多边形内接于随后定义的圆。

⑤ 外切于圆：绘制的正多边形外切于随后定义的圆。

⑥ 圆的半径：定义内接圆或外切圆的半径。

（2）绘制矩形。使用"RECTANG"命令，以指定两个对角点的方式绘制矩形，当两对角点形成的边相同时则生成正方形。

1）命令：_RECTANG。

2）菜单命令：绘制→矩形。

3）工具栏。

4）命令及提示。

命令：_RECTANG

指定第一个角点或【倒角（C)/高（E)/圆角（F)/厚度（T)/宽度（W)】：

指定另一个角点：

5）参数说明。

① 指定第一个角点：定义矩形的一个角点。

② 指定另一个角点：定义矩形的另一个角点。

③ 倒角：设定倒角的距离，可绘制带倒角的矩形。

④ 第一倒角距离：定义第一倒角距离。

⑤ 第二倒角距离：定义第二倒角距离。

⑥ 圆角：设定矩形的倒圆角半径，可绘制带圆角的矩形。

⑦ 宽度：定义矩形的线条宽度。

⑧ 标高：设定矩形在三维空间中的基面高度。

⑨ 厚度：设定矩形的厚度，即三维空间 Z 轴方向的厚度。

7. 绘制弧线

圆弧是最常见的图形之一，绘制方法有很多种，可以通过圆弧命令直接绘制，也可以通过打断圆成圆弧以及倒角等方法生成圆弧。

（1）命令：_ARC。

（2）菜单命令：绘制→圆弧。

（3）工具栏。

（4）命令及提示。

命令：_ARC

指定圆弧的起点或【圆心（C）】：

指定圆弧的第二个点或【圆心（C）/端点（E）】：

指定圆弧的端点：

（5）参数说明。

1）三点：指定圆弧的起点、终点以及圆弧上的任意一点。

2）起点：指定圆弧的起始点。

3）端点：指定圆弧的终止点。

4）圆心：指定圆弧的圆心。

5）方向：指定和圆弧起点相切的方向。

6）长度：指定圆弧的弦长。弦长为正值时，绘制小于180°的圆弧；弦长为负值时，绘制大于180°的圆弧。

7）角度：指定圆弧包含的角度。顺时针方向为负，逆时针方向为正。

8）半径：指定圆弧的半径。按逆时针绘制时，指定正值时绘制小于180°的圆弧，指定负值时绘制大于180°的圆弧。

（6）绘制圆弧的选项组合。

1）三点。通过指定圆弧上的起点、终点和中间任意一点来确定圆弧。

2）起点、圆心：首先输入圆弧的起点和圆心，其余的参数为端点、角度或弦长。

3）起点、端点。首先输入圆弧的圆心和端点，其余的参数为角度、半径、方向或圆心。如果提供角度，则正角度按逆时针方向绘制圆弧，负角度按顺时针方向绘制圆弧。如果选择"半径"选项，按照逆时针方向绘制圆弧，半径值为正时绘制大于180°的圆弧，半径值为负时绘制小于180°的圆弧。

4）圆心、起点。首先输入圆弧的圆心和起点，其余的参数为角度、弦长或端点。正的角度按逆时针方向绘制圆弧，而负的角度按顺时针方向绘制圆弧；正的弦长绘制小于180°的圆弦，负的弦长绘制大于180°的圆弧。

5）连续。在开始绘制圆弧时，如果不输入点，而是按＜Enter＞键或空格键，则采用连续的圆弧绘制方式。所谓连续，是指该圆弧的起点为上一个圆弧的终点或上一条直线的终点，同时所绘制圆弧和已有的直线或圆弧相切。

8. 绘制圆

绘制圆有多种方法可供选择。系统默认的方法是指定圆心和半径，指定圆心和直径或用两点定义直径也可以创建圆，还可以用三点定义圆的圆周来创建圆。可以创建与三个现有对象相切的圆，或通过指定半径创建与两个现有对象相切的圆。

（1）命令：_CIRCLE。

（2）菜单命令：绘图→圆。

（3）工具栏。

（4）命令及提示。

命令：_CIRCLE

指定圆的圆心或【三点（3P）/两点（2P）/相切、相切、半径（T）】：

（5）参数说明。

1）圆心：指定圆的圆心。

2）半径：定义圆的半径大小。

3）直径：定义圆的直径大小。

4）两点：指定两点作为圆的一条直径上的两点。

5）三点：指定三点确定圆。

6）相切、相切、半径：指定与绘制的圆相切的两个元素，然后定义圆的半径。半径值绝对不能小于两元素间的最短距离。

7）相切、相切、相切：这种方式是三点定义圆中的特殊情况，需要指定与绘制的圆相切的三个元素。

一般先确定圆心，再确定半径或直径来绘制圆；也可以先绘制圆，再通过尺寸标注来绘制中心线。

9. 绘制圆环

圆环是一种可以填充的同心圆，实际上它是有一定宽度的闭合多段线。其内径可以是0，也可以和外径相等。

（1）命令：_DONUT（DO）。

（2）菜单命令：绘图→圆环。

（3）命令及提示。

命令：_ DONUT（DO）

指定圆环的内径 < 10. 0000 > ：

指定圆环的外径 < 20. 0000 > ：

指定圆环的中心点或 < 退出 > ：

（4）参数说明。

1）内径：定义圆环的内圆直径。

2）外径：定义圆环的外圆直径。

3）中心点：指定圆环的圆心位置。

4）退出：结束圆环绘制，否则可以连续绘制同样的圆环。

10. 绘制椭圆和椭圆弧

（1）绘制椭圆。绘制椭圆比较简单，和绘制正多边形一样，系统自动计算各点数据。椭圆的弧是由定义椭圆的长轴和宽轴来确定的。

1）命令：_ELLIPSE。

2）菜单命令：绘制→椭圆。

3）工具栏。

4）命令及提示。

命令：_ELLIPSE

指定椭圆的轴端点或【圆弧（A)/中心点（C)】：

指定轴的另一个端点：

指定另一条半轴长度或【旋转（R)】：

5）参数说明。

① 端点：指定椭圆轴的端点。

② 中心点：指定椭圆的中心点。

③ 半轴长度：指定半轴的长度。

④ 旋转：指定一轴相对于另一轴的旋转角度。

（2）绘制椭圆弧。绘制椭圆弧时，除了需要输入必要的参数来确定母圆外，还需要输入椭圆弧的起点角度和终止角度。绘制椭圆弧是绘制椭圆的一种特殊情况。

1）命令：_ELLIPSE。

2）菜单命令：绘制→椭圆→圆弧。

3）工具栏。

4）命令及提示。

命令：_ELLIPSE

指定椭圆的轴端点或【圆弧（A)/中心点（C)】：_A

指定椭圆弧的轴端点或中心点（C)：

指定轴的另一端点：

指定另一条半轴长度或【旋转（R)】：

指定起始角度或【参数（P)】：30

指定终止角度或【参数（P)/包含角度（I)】：270

5）参数说明。

① 指定起始角度或【参数（P）】：输入起始角度。从 X 轴负向按逆时针方向旋转为正。

② 指定终止角度或【参数（P）/包含角度（I）】：输入终止角度或输入椭圆包含的角度。

工作页 2.2.1

班级：＿＿＿＿　　学号：＿＿＿＿　　姓名：＿＿＿＿

1. 复习：Photoshop/CorelDRAW 软件练习 1 "圆与线"基本工具绘图。

2. 复习："钢笔"工具与色彩练习。

3. 用 CAD 软件绘制直线与圆。

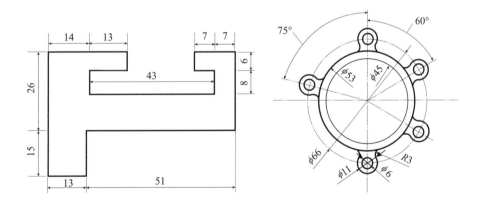

4. 用 CAD 软件绘制综合图形。

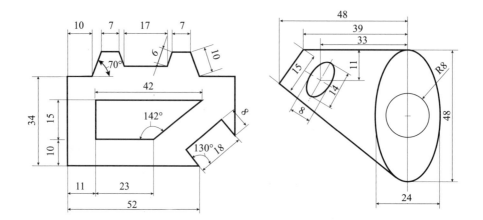

班级：_____　　学号：_____　　姓名：_____

评 价 表

年　　　　月　　　　日

项次	项目要求		配分	评分细则	自评	小组评价	教师评价
1. 素养（40分）	纪律情况（15分）	按时到岗，不早退	5	违反规定每次扣5分			
		积极思考、回答问题	5	根据上课统计情况得1～5分			
		"三有一无"（有本、笔、书，无手机）	5	违反规定每项扣3分			
		执行教师指令	0	此为否定项，违规酌情扣10～100分，违反校规按校规处理			
	职业道德（10分）	能与他人合作	3	不符合要求不得分			
		主动帮助同学	3	能主动帮助同学，得3分；被动帮助同学，得1分			
		追求完美	4	对工作精益求精且效果明显，得4分；对工作认真，得3分；其余不得分			
	5S（10分）	桌面、地面整洁	5	自己的工位桌面、地面整洁无杂物，得5分；不合格不得分			
		物品定置管理	5	按定置要求放置，得5分；不合格不得分			
	快速阅读能力（5分）		5	能快速准确明确任务要求并清晰表达，得5分；能主动沟通，在教师指导后达标，得3分；其余不得分			

项次		项目要求	配分	评分细则	自评	小组评价	教师评价
2. 职业能力（40分）	直线的基本练习（20分）	直线的绘制方法正确	5	全部正确得5分； 部分正确得1~4分； 不清楚不得分			
		直线的标注正确	5	全部正确得5分； 部分正确得1~4分			
		布局合理	5	布局合理，得到半数以上认可，得5分； 布局尚可，得到接近半数认可，得3分； 得到5~10人认可，得2分； 认可人数少于5人，得1分			
		图样美观	2	图样整洁、干净，线条清晰，得2分； 其余不得分			
		绘制时间	3	在规定时间内完成，得3分； 未按时完成不得分			
	椭圆、圆形的绘制（20分）	椭圆、圆形的绘制方法正确	5	全部正确得5分； 部分正确得1~4分			
		角度的标注正确	4	全部正确得4分； 部分正确得1~3分			
		布局合理	5	布局合理，得到半数以上认可，得5分； 布局尚可，得到接近半数认可，得3分； 得到5~10人认可，得2分； 认可人数少于5人，得1分			
		图样美观	3	图样整洁、干净，线条清晰，得3分； 其余不得分			
		绘制时间	3	在规定时间内完成，得3分； 未按时完成不得分			

项次	项目要求		配分	评分细则	自评	小组评价	教师评价
3. 工作页完成情况（20分）	按时完成工作页	及时提交	5	按时提交得5分；迟交不得分			
		内容完成程度	5	视完成情况得1~5分			
		回答准确率	5	视准确率情况得1~5分			
		有独到的见解	5	视见解独到程度得1~5分			
总分							
加权平均分（自评20%，小组评价30%，教师评价50%）							
教师评价签字：			组长签字：				

请你根据以上打分情况，对自己在本活动中的工作和学习状态进行总体评述（从素养的自我提升方面、职业能力的提升方面进行评述，分析自己的不足之处，描述对不足之处的改进措施）

教师指导意见：

工作页2.2.2

班级：_____   学号：_____   姓名：_____

1. 记录所使用的绘图软件，并把操作步骤写下来。

2. 将绘制好的效果图命名为"姓名（效果图名称）"并提交到教师机中。合格后自行打印效果图并粘贴在下面。

粘

贴

处

班级：_____　　学号：_____　　姓名：_____

评　价　表

年　　　月　　　日

项次	项目要求		配分	评分细则	自评	小组评价	教师评价
1. 素养（40分）	纪律情况（15分）	按时到岗，不早退	5	违反规定每次扣5分			
		积极思考、回答问题	5	根据上课统计情况得1～5分			
		"三有一无"（有本、笔、书，无手机）	5	违反规定每项扣3分			
		执行教师指令	0	此为否定项，违规酌情扣10～100分，违反校规按校规处理			
	职业道德（10分）	能与他人合作	3	不符合要求不得分			
		主动帮助同学	3	能主动帮助同学，得3分；被动帮助同学，得1分			
		追求完美	4	对工作精益求精且效果明显，得4分；对工作认真，得3分；其余不得分			
	5S（10分）	桌面、地面整洁	5	自己的工位桌面、地面整洁无杂物，得5分；不合格不得分			
		物品定置管理	5	按定置要求放置，得5分；不合格不得分			
	快速阅读能力（5分）		5	能快速准确明确任务要求并清晰表达，得5分；能主动沟通，在教师指导后达标，得3分；其余不得分			

项次	项目要求		配分	评分细则	自评	小组评价	教师评价
2. 职业能力（40分）	绘制工作图的操作步骤（20分）	操作步骤正确	5	全部正确得5分； 部分正确得1~4分； 不清楚不得分			
		文字表达正确	5	全部正确得5分； 部分正确得1~4分			
		编写格式合理	5	格式合理，得到半数以上认可，得5分； 格式尚可，得到接近半数认可，得3分； 得到5~10人认可，得2分； 认可人数少于5人，得1分			
		版面美观	2	版面整洁、干净，得2分； 其余不得分			
		绘制时间	3	在规定时间内完成，得3分； 未按时完成不得分			
	1∶1工作图的绘制（20分）	图样绘制方法正确	5	全部正确得5分； 部分正确得1~4分			
		标注正确	4	全部正确得4分； 部分正确得1~3分			
		标注布局合理	5	布局合理，得到半数以上认可，得5分； 布局尚可，得到接近半数认可，得3分； 得到5~10人认可，得2分； 认可人数少于5人，得1分			
		图样美观	3	图样整洁、干净，线条清晰，得3分； 其余不得分			
		绘制时间	3	在规定时间内完成，得3分； 未按时完成不得分			

项次	项目要求		配分	评分细则	自评	小组评价	教师评价
3. 工作页完成情况（20分）	按时完成工作页	及时提交	5	按时提交得5分； 迟交不得分			
		内容完成程度	5	视完成情况得1~5分			
		回答准确率	5	视准确率情况得1~5分			
		有独到的见解	5	视见解独到程度得1~5分			
总分							
加权平均分（自评20%，小组评价30%，教师评价50%）							

教师评价签字： 组长签字：

请你根据以上打分情况，对自己在本活动中的工作和学习状态进行总体评述（从素养的自我提升方面、职业能力的提升方面进行评述，分析自己的不足之处，描述对不足之处的改进措施）

教师指导意见：

学习单元二 拼接马赛克

学习活动一 工作准备

工作页3.1.1

班级：_____ 学号：_____ 姓名：_____

1. 判断以下图片是否符合5S要求，并在相应方框内画"√"。

□是 □否   □是 □否

□是 □否   □是 □否

□是 □否   □是 □否

2. 总结 5S 管理法则。

一、马赛克拼图的优势

马赛克，这种古老的镶嵌艺术，曾在 20 世纪 80 年代末到 90 年代的中国盛行一时，然而，艺术建材的大潮流一度掩盖了马赛克的光彩。时至今天，马赛克又重新焕发出绚丽的装饰风彩，材质变得更丰富。在技术更新后，随之出现的各种风格的马赛克拼图将家居装饰带入了一个更富想象力的时代。

玻璃瓷釉马赛克，无论是从质感、颜色，还是从晶莹剔透程度上讲，都是家居装饰马赛克中的佼佼者。用户可提供自己喜欢的图案，由马赛克厂家进行定制设计。一般而言，具体价格要根据所要求的尺寸、图案的复杂程度及选材用料和颜色等来确定。所以，对于用户来说，马赛克拼图是"丰俭由人"的。

人们可以把自己的喜好镶嵌到属于自己的空间中去，一幅抽象的拼图，如动物图案、植物图案、人物头像、抽象画、几个英文字母等，或是自己喜欢的任意图案。马赛克图案产生的神秘、斑驳、朦胧、跳跃的效果的确是设计师表达创意最有趣味的方式。

二、风景马赛克拼图的特点

风景马赛克拼图最大的特点就是它的色彩是渐变过渡的，所以，在选料时要注意判断。

马赛克拼图打破了石材整齐划一的直线外观，曲线圆润、柔和而又自然。无论是动物系列还是风景系列都具有内容丰富、变化多端、集传统审美情趣和现代工艺于一体，既典雅高贵又活力四射的特点，为石材增添了韵味和动感。配合不同的砖材一起拼砌，马赛克灵活多变的特色更能得到充分发挥，使整个画面更多元化，达到互相映衬的效果。

工作页 3.1.2

班级：_____   学号：_____   姓名：_____

1. 绘制马赛克拼图海报。

（1）标题清晰醒目。

（2）内容简洁明了，并与主题相符。内容包括风景马赛克拼图的特点与要求、装饰用途以及产品制作流程等。

（3）无错别字。

（4）采用图文相结合的排版方式，布局合理。

（5）注明小组分工情况。

2. 看图领料，并登记好领取的颗粒材料与工具。

序号	名称	数量	价格	备注

班级：_____　　学号：_____　　姓名：_____

评　价　表

年　　　月　　　日

项次	项目要求		配分	评分细则	自评	小组评价	教师评价
1. 素养（40分）	纪律情况（15分）	按时到岗，不早退	5	违反规定每次扣5分			
		积极思考、回答问题	5	根据上课统计情况得1~5分			
		"三有一无"（有本、笔、书，无手机）	5	违反规定每项扣3分			
		执行教师指令	0	此为否定项，违规酌情扣10~100分，违反校规按校规处理			
	职业道德（10分）	能与他人合作	3	不符合要求不得分			
		主动帮助同学	3	能主动帮助同学，得3分；被动帮助同学，得1分			
		追求完美	4	对工作精益求精且效果明显，得4分；对工作认真，得3分；其余不得分			
	5S（10分）	桌面、地面整洁	5	自己的工位桌面、地面整洁无杂物，得5分；不合格不得分			
		物品定置管理	5	按定置要求放置，得5分；不合格不得分			
	快速阅读能力（5分）		5	能快速准确明确任务要求并清晰表达，得5分；能主动沟通，在教师指导后达标，得3分；其余不得分			

209

项次		项目要求	配分	评分细则	自评	小组评价	教师评价
2. 职业能力（40分）	马赛克拼图海报的制作（20分）	标题清晰醒目	5	标题清晰醒目，得5分；其余酌情得1~4分			
		内容与标题相符合	4	内容全部符合题目要求，得5分；部分符合要求，得1~3分；不相符不得分			
		排版合理、美观	5	外形美观，得到半数以上认可，得5分；外观尚可，得到接近半数认可，得3分；得到5~10人认可，得2分；认可人数少于5人，得1分			
		文字表述	3	语言通顺，没有错别字，得3分；其余不得分			
		绘制时间	3	在规定时间内完成，得3分；未按时完成不得分			
	领取材料和工具（20分）	领取材料数量和颜色正确	5	全部正确得5分；部分正确得1~4分			
		领取工具种类和数量正确	4	全部正确得4分；部分正确得1~3分			
		材料和工具摆放布局合理	5	摆放布局合理，得到半数以上认可，得5分；摆放布局尚可，得到接近半数认可，得3分；得到5~10人认可，得2分；认可人数少于5人，得1分			
		小组分工明确	3	小组分工明确，得3分；其余不得分			
		绘制时间	3	在规定时间内完成，得3分；未按时完成不得分			

项次	项目要求		配分	评分细则	自评	小组评价	教师评价
3. 工作页完成情况（20分）	按时完成工作页	及时提交	5	按时提交得5分；迟交不得分			
		内容完成程度	5	视完成情况得1~5分			
		回答准确率	5	视准确率情况得1~5分			
		有独到的见解	5	视见解独到程度得1~5分			
总分							
加权平均分（自评20%，小组评价30%，教师评价50%）							
教师评价签字：				组长签字：			
请你根据以上打分情况，对自己在本活动中的工作和学习状态进行总体评述（从素养的自我提升方面、职业能力的提升方面进行评述，分析自己的不足之处，描述对不足之处的改进措施）							
教师指导意见：							

学习活动二　制作模板

信息页 3.2.1

一、接受任务

（1）接单（客户提供或自己设计）。

（2）根据客户要求制作 1∶1 生产图（即图样）。

二、准备工作

（1）准备好工具，如工具箱、磨机、吸尘器、钳子、剪刀、卷尺、篮子、封口胶等。

（2）准备辅料，如玻璃纸、纸网、透明胶纸等。先根据生产图所需尺寸将辅料裁剪好，做好准备。

（3）领取颗粒材料。拿流程图到物料组根据拼图中各种颜色所占比例领取颗粒材料。

（4）按 20 kg/m^2 分配材料，如深啡 5 kg、浅啡 5 kg、西米 10 kg；从物料员处领用材料，以免因拿错材料而造成浪费。

三、拼接

（1）清理干净台面，并保证台面平整。

（2）粘图样。先把图样铺平整，用手抹平，然后用封口胶把外边粘住，最后固定，保证图样没有皱折、可以移动等现象。

（3）检查拼图、拼条的外围尺寸是否准确。用卷尺检查圆的直径（误差在 ±0.1 mm 以内）；用卷尺对准两边外围的平行线或对角线，检查正方形的尺寸（误差在 ±0.1 mm 以内）；检查拼条的长、宽尺寸（误差在 ±0.05 mm 以内）。

（4）检查图形是否正确。按照流程图对比 1∶1 生产图，检查是否有正反现象。

（5）粘玻璃纸。根据拼图的尺寸确定玻璃纸，然后将其铺在图样上并抹平，用封口胶把外边固定住。

（6）拼接。根据流程图上的颗粒颜色，以及 1∶1 生产图上的颗粒形状，用钳子夹取颗粒。摆放颗粒时一定要跟线走，弧线位置要保持流畅，直线位置要竖直整齐，图案的拼法要统一，死角位置也要做到位，缝隙要密拼。拼制时特别要注意分清颜色，不能放错料，若为光面拼图，则不能出现毛面颗粒；拼条的互换性一定要好。

（7）5S 检查。拼制完成后要把图上的废料收拾好，按好坏分类装好，退回物料组；将工具放入工具箱中；清理干净表面垃圾，用胶锤把表面敲平，保证平面度；然后用卷尺检测拼图的外围尺寸是否准确（误差在 ±0.1 mm 以内）。

（8）上胶。在辅料组领取适量的网和胶（如 1000 mm × 1000 mm 的图就领用 1100 mm × 1100 mm 的网），先把网铺在打胶台面上，用勺子盛取适量的胶，再用排刷把胶涂在网上并刷均匀，最后铺在拼图上面，用排刷以适当的力度再次把胶刷均匀。

（9）晾干。等胶水自然风干后把拼图翻到正面，把玻璃纸撕干净，然后用剪刀沿着拼图外围把多余的网剪掉，剪到与外围颗粒相重叠，而且不能有打手现象，肉眼看上去干净利落，无多余网纸。

（10）自检、收货。剪好网之后再自检一遍，看表面是否平整、有没有烂面颗粒；检查尺寸是否准确、图形是否统一，如有问题应及时修复，直到基本达到生产要求。最后交到质检区，由质检人员验收合格后再放入指定的成品区内。

四、注意事项

（1）图的正反面要正确。

（2）保证尺寸的准确度。

（3）拼法走向要统一。

（4）检查材料，包括厚度是否符合要求，以及有无崩边、崩角、拖刀、变形等现象。

（5）表面要干净、平整、无烂面颗粒，而且要按序拼缝。

（6）密缝拼图、拼条，缝要密拼，死角位要统一。

（7）线条要流畅，直线边要齐。

五、质量要求

（1）外围尺寸要准确（误差在 ±0.1 mm 以内）。

（2）图形拼法应基本一致，不能有正反现象。

（3）平面度符合要求的面积要达到总面积的 95% 以上。

（4）缝隙要密拼，拼条互换性要好（95% 以上）。

（5）表面要干净，外围不能有多余的网纸。

（6）材料要按图配色，颜色要均匀，不能有崩边、崩角、烂面颗粒。

工作页 3.2.1

班级：_____   学号：_____   姓名：_____

1. 写出铺底图、玻璃、透明胶纸的顺序。

　　..
　　..
　　..
　　..

2. 写出制作模板的注意事项。

　　..
　　..
　　..
　　..
　　..

班级：_____　　学号：_____　　姓名：_____

评 价 表

年　　　月　　　日

项次	项目要求		配分	评分细则	自评	小组评价	教师评价
1. 素养（40分）	纪律情况（15分）	按时到岗，不早退	5	违反规定每次扣5分			
		积极思考、回答问题	5	根据上课统计情况得1~5分			
		"三有一无"（有本、笔、书，无手机）	5	违反规定每项扣3分			
		执行教师指令	0	此为否定项，违规酌情扣10~100分，违反校规按校规处理			
	职业道德（10分）	能与他人合作	3	不符合要求不得分			
		主动帮助同学	3	能主动帮助同学，得3分；被动帮助同学，得1分			
		追求完美	4	对工作精益求精且效果明显，得4分；对工作认真，得3分；其余不得分			
	5S（10分）	桌面、地面整洁	5	自己的工位桌面、地面整洁无杂物，得5分；不合格不得分			
		物品定置管理	5	按定置要求放置，得5分；不合格不得分			
	快速阅读能力（5分）		5	能快速准确明确任务要求并清晰表达，得5分；能主动沟通，在教师指导后达标，得3分；其余不得分			

215

项次		项目要求	配分	评分细则	自评	小组评价	教师评价
2. 职业能力 (40分)	制作马赛克拼图模板 (20分)	模板各材料排列正确	5	全部正确得5分；部分正确得1~4分			
		模板固定好、边缘整齐	5	全部符合要求得5分；部分符合要求得1~4分			
		模板整体效果	5	效果良好，得到半数以上认可，得5分；效果尚可，得到接近半数认可，得3分；得到5~10人认可，得2分；认可人数少于5人，得1分			
		模板周围环境	2	环境整洁、干净，得2分；其余不得分			
		制作时间	3	在规定时间内完成，得3分；未按时完成不得分			
	列出并讲解制作模板的注意事项 (20分)	注意事项列举齐全	5	全部正确得5分；部分正确得1~4分			
		文字表达正确	5	全部正确得5分；部分正确得1~4分			
		讲解制作模板的注意事项	5	语言通顺、流畅，得到半数以上认可，得5分；仪容、仪态尚可，得到接近半数认可，得3分；得到5~10人认可，得2分；认可人数少于5人，得1分			
		完成时间	5	在规定时间内完成，得5分；未按时完成不得分			

项次	项目要求		配分	评分细则	自评	小组评价	教师评价
3. 工作页完成情况（20分）	按时完成工作页	及时提交	5	按时提交得5分；迟交不得分			
		内容完成程度	5	视完成情况得1~5分			
		回答准确率	5	视准确率情况得1~5分			
		有独到的见解	5	视见解独到程度得1~5分			
总分							
加权平均分（自评20%，小组评价30%，教师评价50%）							
教师评价签字：				组长签字：			
请你根据以上打分情况，对自己在本活动中的工作和学习状态进行总体评述（从素养的自我提升方面、职业能力的提升方面进行评述，分析自己的不足之处，描述对不足之处的改进措施）							
教师指导意见：							

学习活动三　选　　料

信息页 3.3.1

色彩搭配的基本知识

一、概述

1. 同色搭配

同色搭配是最为稳妥、最为保守的方法。采用这种搭配方法可以构成一个简朴、自然的背景，能够稳定情绪，令人有舒适的感觉；再加上其他色调的配合，使整个色彩布局既显沉稳安静，又活泼有灵性。

2. 类似色搭配

如果居室里运用强色或深色，采用类似色搭配是比较安全的做法，较易获得和谐的效果。类似色搭配可产生明快生动的层次效果，体现空间的深度和变化。

3. 对比色搭配

对比色搭配是最显眼、最生动，但同时又是较难掌握的色彩搭配方法。大胆地运用对比色搭配，可以令居室产生惊人的效果，风格与众不同，通常有令人兴奋、欢快的效果。

二、色彩搭配的相互作用

色彩搭配使用时，由于色彩间的相互影响，会产生与单一色不同的效果。例如，淡色往往不是鲜艳的，但与较强的色彩搭配时，就会变得活泼、艳丽，相邻色彩搭配使用时，其相互影响更加明显。

三、色彩搭配比例

色彩搭配比例的一个基本原则，就是较强或较突出的色彩用得不要过多，用少量较强的色彩来搭配较淡的色彩，会显得生动活泼；但如果搭配比例反过来，则会使居室产生压迫感。同一色彩使用的面积大小不同，效果也会有很大差异。

四、色彩的基础知识

色彩与人的心理感觉和情绪有一定的关系，利用这一点，可以在设计时形成独特的色彩效果，给人留下深刻的印象。一般情况下，各种色彩给人的感觉如下：

红色代表热情、活泼、热闹、温暖、幸福、吉祥。

橙色代表光明、华丽、兴奋、甜蜜、快乐。

黄色代表明朗、愉快、高贵、希望。

绿色代表新鲜、平静、和平、柔和、安逸、青春。

蓝色代表深远、永恒、沉静、理智、诚实、寒冷。

紫色代表优雅、高贵、魅力、自傲。

白色代表纯洁、纯真、朴素、神圣。

灰色代表忧郁、消极、谦虚、平凡、沉默、中庸、寂寞。

黑色代表崇高、坚实、严肃、刚健。

青色代表复苏、生长、变化、天真、富足、平静。

粉红色代表甜美、温柔、纯真、青春、稚嫩、浪漫、明媚、柔弱、性感、美好的回忆。

每种色彩在饱和度、透明度上略微变化，就会使人产生不同的感受。以绿色为例，黄绿色有青春、旺盛的视觉意境，而蓝绿色则显得幽宁、阴森。

五、色彩搭配的原则

色彩搭配既是一项技术性工作，同时也是一项艺术性很强的工作，因此，设计者在设计作品时除了考虑作品本身的特点外，还要遵循一定的艺术规律，从而设计出色彩鲜明、风格独特的作品。

1. 风格独特

一个作品的用色必须有自己独特的风格，这样才能显得个性鲜明，给人留下深刻的印象。

2. 搭配合理

色彩搭配一定要合理，给人一种和谐、愉快的感觉，避免采用纯度很高的单一色彩，这样容易造成视觉疲劳。

3. 讲究艺术性

作品设计是一种艺术活动，因此必须遵循艺术规律，在考虑作品本身特点的同时，按照材料、纹路决定形式的原则，大胆进行艺术创新，设计出既符合客户要求，又有一定艺术特色的作品。

六、色彩搭配应注意的问题

1. 单色的使用

作品设计要避免采用单一色彩，以免产生单调的感觉，但通过调整色彩的饱和度和透明度也可以产生变化，使作品避免单调。

2. 邻近色的使用

所谓邻近色，就是在色带上相邻近的颜色。例如，绿色和蓝色、红色和黄色就互为邻近色。采用邻近色设计作品，可以避免作品色彩杂乱，易于达到整体画面的和谐统一。

3. 对比色的使用

对比色可以突出重点，产生了强烈的视觉效果，合理使用对比色能够使作品特色鲜明、重点突出。设计时一般以一种颜色为主色调，将对比色作为点缀，可以起到画龙点睛的作用。

4. 黑色的使用

黑色是一种特殊的颜色，如果使用恰当、设计合理，往往能够产生很强烈的艺术效果。黑色一般用作背景色，与其他纯度色彩搭配使用。

5. 背景色的使用

背景色一般采用素淡清雅的色彩，避免采用花纹复杂的图片和纯度很高的色彩，同时背景色要与图案的色彩对比强烈一些。

6. 色彩的数量

一般初学者在设计作品时往往使用多种颜色，使作品变得很"花"，缺乏统一和协调，失去了内在的美感。事实上，作品用色数量并不是越多越好，一般应控制在三种色彩以内，通过调整色彩的各种属性来产生变化。

七、色彩搭配

（1）红、黄、蓝是三原色，其他的色彩都可以用这三种颜色调配而成。计算机中的色彩即用这三种颜色的数值来表示。例如，红色用十六进制表示为"FF0000"，白色为"FFFFFF"，我们经常看到的"bgColor = #FFFFFF"是指背景颜色为白色。

（2）颜色分非彩色和彩色两类。非彩色是指黑、白、灰系统色，彩色是指除了非彩色以外的所有色彩。

（3）任何色彩都有饱和度和透明度的属性，属性的变化会产生不同的色相，所以至少可以制作出几百万种色彩。

作品的整体画面使用彩色好还是非彩色好呢？专业研究机构的研究表明，人们对彩色的记忆效果是黑色和白色的 3.5 倍。也就是说，在一般情况下，彩色页面较完全的黑白页面更加吸引人。

黑白搭配是最基本和最简单的搭配，白底黑字、黑底白字都非常清晰明了。灰色是万能色，可以和任何色彩搭配，也可以帮助两种对立的色彩实现和谐过渡。

工作页 3.3.1

班级：_____ 学号：_____ 姓名：_____

1. 记录所选石材的种类与颜色。

_____

_____

_____

2. 给以下两幅图涂上颜色。

3. 查找并记录以下颜色的意义。

红色	
黄色	
蓝色	
白色	
粉红	
橙色	
绿色	
紫色	
黑色	
灰色	
青色	

学习活动四　粘　　拼

信息页 3.4.1

一、马赛克拼制与"5S"检查

1. 马赛克拼制

根据流程图上的颜色颗粒，以及 1：1 生产图上的颗粒形状，用钳子夹取颗粒。摆放颗粒时一定要跟线走，弧线位置要保持流畅，直线位置要竖直整齐，图案的拼法要统一，死角位置也要做到位，缝隙要密拼。拼制时要注意分清颜色，不能放错料，若为光面拼图，则不能出现毛面颗粒；拼条的互换性一定要好。

2. "5S"检查

拼制完成后要把图上的废料收拾好，按好坏分类装好，退回物料组，将工具放入工具箱中；清理干净表面垃圾，用胶锤敲平表面，保证平面度；然后用卷尺检测拼图的外围尺寸是否准确（误差在 ±0.1 mm 以内）。

二、注意事项

（1）图的正反面要正确。

（2）保证尺寸的准确度。

（3）拼法走向要统一。

（4）检查材料，包括厚度是否符合要求，以及有无崩边、崩角、拖刀、变形等现象。

（5）表面要干净、平整，无烂面颗粒，而且要按序拼缝。

（6）密缝拼图、拼条，缝要密拼，死角位要统一。

（7）线条要流畅，直线边要齐。

三、质量要求

（1）外围尺寸要准确（误差在 ±0.1 mm 以内）。

（2）图形拼法应基本一致，不能有正反现象。

（3）平面度符合要求的面积要达到总面积的 95% 以上。

（4）缝隙要密拼，拼条互换性要好（95% 以上）。

（5）表面要干净，外围不能有多余的网纸。

（6）材料要按图配色，颜色要均匀，不能有崩边、崩角、烂面颗粒。

学习活动五　贴网上胶

信息页 3.5.1

石材胶水

一、粘接石材常用的胶水

粘接石材可用环氧树脂胶水，其固化反应快、粘接性强、耐候性好。对颜色有要求的灰白色选 HY – 106AB，透明色选 HY – 166AB。

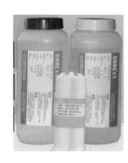

二、石材胶

1. 简介

石材胶又称为石材胶粘剂，指石材从加工到使用过程中（修补、加固、复合、粘接、养护等各方面）所用到的各种胶水制品。石材胶水属于精细化工品。

现代建筑对石材的装饰需求越来越大，对石材装饰的美观度、牢固度要求不断提高，所以一般的水泥已经不能满足建筑设计的需求。石材胶的诞生，就是用来满足石材粘贴的要求。市场上有几种不同的石材胶，如云石胶、AB 胶、硅酮胶等，它们能够很好地与石材粘接，施工容易，使用年限长，更适合大规模的石材施工。

（1）石材胶是针对较大的文化石、人造石，吸水率较高的石材，用于内外墙面粘贴而开发的一种改性瓷砖胶粘剂。

（2）具有一定的抗下垂性能。

（3）具有较高的粘接强度及一定的柔韧性，并且可以避免胶粘剂中的碱性成分向石材内渗透而导致石材表面出现病变。

（4）具有良好的耐水性能、抗老化性能。

（5）环保无毒，对环境友好。

（6）具有一定的防水抗渗功能。

2. 石材胶的适用范围

石材胶用于石材表面裂缝修复及拼接、粘接、复合等。

3. 对石材胶的基面要求

（1）基面应干燥清洁，没有油污、蜡油及其他松散物。

（2）基面应具有一定的表面强度，并且平面度及垂直度应符合要求。

4. 石材胶的分类

（1）石材复合胶。石材复合胶主要用于大理石与大理石、花岗石、陶瓷、铝蜂窝（铝板）、玻璃、木板、无机板、塑料板等同种材料或异种材料的复合与粘接。产品适用于室内及户外用复合板材产品的生产加工，可在常温及潮湿条件下固化，耐黄变、光固化，常用在自动化流水线涂装生产工艺中。

（2）石材修补胶。石材修补胶主要用于大理石、花岗石表面的裂缝、孔洞、砂眼、鸡爪纹、蚂蚁路、凹凸不平的修补与补强、增艳、增光，石材的背网补强，可解决米黄类、黑色类、玉石类、白色或浅色类不同石材产品的修补。产品可满足加温固化、常温固化、低温固化等使用环境的要求，适用于要求高渗透性、不黄变、加深石材颜色、高光泽度、高强度及不改变石材颜色的石材表面修补与补强。可调制专用颜色的修补胶产品，实现石材修补成材率达到100%，适用于立式烘干补胶生产线、卧式烘干补胶生产线及常温晒板三种工艺生产方式。

（3）石材粘接胶。石材粘接胶用于天然石材、人造石、陶瓷、金属、混凝土、玻璃等产品的粘接与修补，如石材粘边、大理石或马赛克拼花、异形石材拼接、石材干挂、建筑植筋、建筑密封、磨具磨料的粘接。产品适用于高强度、快速固化、无色透明、高耐候性、高韧性、不流挂等不同使用环境。

（4）安装养护胶粘剂。安装养护胶粘剂主要用于石材安装过程中的干挂、密封和粘接。产品适用于快速固化、石材干挂、石材安装密封与粘接中的不黄化、低收缩、不霉变、高强度、耐水、耐介质等使用环境。

石材粘结剂及大理石胶的特点和使用方法

一、石材粘结剂

石材粘结剂是一种由聚合物改性的水泥基粘结剂，由聚合物添加剂、高标号水泥及细滑料合理配制而成。石材粘结剂具有特强粘接力和柔韧性，是一种新型粘结剂。石材粘结剂适合在混凝土墙面、混凝土地面、石棉水泥板、砂浆基面、水泥基面及水泥基防水材料等基面上直接粘贴大理石或花岗石等天然石材。

石材粘结剂的性能特点如下：

（1）采用薄层施工工艺，粘接力强、省料。与传统水泥净浆粘贴法相比粘接更安全、牢固，同时可减少建筑垃圾和降低墙体重量；其施工方便快捷，可明显提高工效。

（2）抗流挂性能优异，可有效抵抗石材粘贴时因自重产生的滑移。

（3）具有良好的抗渗和抗老化性能，能有效地避免和防止用水泥粘接时经常出现的透色、冒浆等现象。

（4）无毒环保，属于绿色建材。

二、大理石胶

常用的有大理石胶主要适用于各种大理石的对接、修补和成品板材的安装。大理石胶凝固快，操作后 30 min 即可凝固；粘接强度高，寿命长；无膨胀和收缩，受撞击易碎；阻燃。

胶粘是石材安装方法中的一种，其残留在石材表面的胶因老化使粘接石材的胶结矿物产生松弛，使石材内部松弛，表面易剥落，从而加速石材的老化。因此，大理石胶的使用方法一定要正确，以确保不会对石材造成损害。

1. 使用方法

（1）表面处理。粘接面应平整、清洁、干燥，去掉灰尘、油污等杂质。

（2）调胶。将胶按 A∶B=2∶1 的重量比例混合均匀，用调胶刀将胶均匀涂于石材表面部位。

（3）固化。常温固化 24 h 后可投入下一道工序；冬季气温低时，可将涂胶后的板材放置于 50～60 ℃ 环境中，固化 1.5～2 h 后即可进入下一道工序。这样做可以提高胶的耐老化性能及粘接强度，并能提高板面的亮度。

（4）可根据石材颜色在 A 胶中加入色浆或颜料，使其与石材的颜色相同。色浆加入量为胶的 1%～2%。

2. 注意事项

（1）施工温度不能低于 5 ℃，冬天可适当加热，以提高板面温度。

（2）石材表面有化学物质或油污时，应进行清洗，并保持其干燥性。

（3）胶现配现用，调胶量不宜过多；若温度低，调胶量少，则使用时间和固化时间长；反之，固化时间短。

（4）取胶工具切勿混用，不要将混合后剩余的胶放回原包装内，在胶没有完全固化时不可移动板材。

（5）冬天如胶液黏度较大，也可将胶液（A）放置于 40～80 ℃ 水浴中加热降低黏度，但加热后一定要冷却至 40 ℃ 以下才能加入固化剂（B）。

（6）表面涂刮后挤出多余的胶，未固化前可继续在其他石材上使用。

（7）因石材的物理、化学性质不同，应预先试用，以免出现差错。切勿将盖子混盖，用后须盖严，切勿入口。

（8）调胶时应遵循用多少配多少的原则，现配现用，并应在要求时间内用完。配料量越多或施工温度越高，可使用的时间越短。

3. 产品储运

（1）密封储存于阴凉、干燥通风处，已过有效期的，经检验合格后可继续使用。

（2）大理石胶按非危险品储运。

工作页 3.5.1

班级：_____   学号：_____   姓名：_____

1. 根据 PPT 记录关键词：什么叫环保胶粘剂？

   ....

   ....

   ....

   ....

2. 列举普通胶粘剂对人体的影响。

   ....

   ....

   ....

   ....

3. 完成石材马赛克专用胶表。

石材马赛克专用胶表

序号	名称	价格	形态	是否为环保型

学习活动六　修　补

信息页 3.6.1

风景马赛克质量检验标准

一、质量要求

（1）外围尺寸要准确（误差在 ±0.1 mm 以内）。

（2）图形拼法应基本一致，不能有正反现象。

（3）平面度符合要求的面积应达到总面积的95%以上。

（4）缝隙要密拼，拼条互换性要好（95%以上）。

（5）表面要干净，外围不能有多余的网纸。

（6）材料要按图配色，颜色要均匀，不能有崩边、崩角、烂面颗粒。

（7）拿起来摇晃，不能有颗粒掉落。

（8）中间的缝隙要均匀、线条要流畅，缝隙均匀度达到98%以上。

二、注意事项

（1）图的正反面要正确。

（2）保证尺寸的准确度。

（3）拼法走向要统一。

（4）检查材料，包括厚度是否符合要求，以及有无崩边、崩角、拖刀、变形等现象。

（5）表面要干净、平整、无烂面颗粒，而且要按序拼缝。

（6）密缝拼图、拼条，缝要密拼，死角位要统一。

（7）线条要流畅，直线边要齐。

工作页 3.6.1

班级：_____　　学号：_____　　姓名：_____

1. 根据信息页中的"风景马赛克质量检验标准"，写出作品三个以上的优点。

....

....

....

....

2. 根据信息页中的"风景马赛克质量检验标准"，记录需要修补的位置并提出修改意见。

....

....

....

....

....

学习单元四　质 量 检 验

学习活动一　质量检验

工作页4.1.1

班级：_____　学号：_____　姓名：_____

填写风景马赛克质量检验表。

风景马赛克质量检验表

序号	考核内容	分值	扣分标准	扣分原因	加分标准	加分原因	实际得分
1							
2							
3							
4							
5							
6							

学习单元五　装箱交付

学习活动一　产品包装、装箱

信息页 5.1.1

一、马赛克的装箱基本要求

（1）将粘贴后的石材马赛克成品装入规格纸箱。

（2）纸箱外附有生产厂家、生产日期、国标统一编号。

（3）标识数量、规格型号、通讯地址、联系电话。

二、马赛克的装箱注意事项

（1）包装须牢固、便于装卸；包装时，每组必须靠紧，这样不易破损。

（2）包装箱上须写明箱号并附装箱清单。

（3）须用塑料膜包装，以防淋雨。

（4）工件表面要用泡沫支垫，包装箱底部须加两条横木，以便于装卸。

工作页 5.1.1

班级：_____　　学号：_____　　姓名：_____

制作马赛克装箱过程及注意事项的海报。

（1）标题清晰醒目。

（2）无错别字。

（3）采用图文结合的排版方式，布局合理。

（4）注明小组分工情况。

（5）将海报拍照打印并粘贴在下面。

粘

贴

处

工作页 5.1.2

班级：_____　　学号：_____　　姓名：_____

记录其他组 5S 做得好和不足之处，并提出改进建议。

序号	做得好	不足	改进建议
1			
2			
3			
4			
5			
6			

班级：_____　　学号：_____　　姓名：_____

评　价　表

年　　月　　日

项次	项目要求		配分	评分细则	自评	小组评价	教师评价
1. 素养（40分）	纪律情况（15分）	按时到岗，不早退	5	违反规定每次扣5分			
		积极思考、回答问题	5	根据上课统计情况得1～5分			
		"三有一无"（有本、笔、书，无手机）	5	违反规定每项扣3分			
		执行教师指令	0	此为否定项，违规酌情扣10～100分，违反校规按校规处理			
	职业道德（10分）	能与他人合作	3	不符合要求不得分			
		主动帮助同学	3	能主动帮助同学，得3分；被动帮助同学，得1分			
		追求完美	4	对工作精益求精且效果明显，得4分；对工作认真，得3分；其余不得分			
	5S（10分）	桌面、地面整洁	5	自己的工位桌面、地面整洁无杂物，得5分；不合格不得分			
		物品定置管理	5	按定置要求放置，得5分；不合格不得分			
	快速阅读能力（5分）		5	能快速准确明确任务要求并清晰表达，得5分；能主动沟通，在教师指导后达标，得3分；其余不得分			

233

项次		项目要求	配分	评分细则	自评	小组评价	教师评价
2. 职业能力（40分）	马赛克拼图产品包装海报制作（20分）	标题清晰醒目	5	标题清晰醒目，得5分；其余酌情得1~4分			
		内容符合要求	5	内容全部符合要求，得5分；部分符合要求，得1~4分			
		排版合理、美观	5	排版合理、美观，得到半数以上认可，得5分；排版尚可，得到接近半数认可，得3分；得到5~10人认可，得2分；认可人数少于5人，得1分			
		文字表述	2	语言通顺、没有错别字，得2分；其余不得分			
		绘制时间	3	在规定时间内完成，得3分；未按时完成不得分			
	5S（20分）	全组5S做得好	5	全部正确得5分；部分正确得1~4分			
		作品包装正确	4	全部正确得4分；部分正确得1~3分			
		作品和工具摆放合理	5	摆放合理，得到半数以上认可，得5分；摆放尚可，得到接近半数认可，得3分；得到5~10人认可，得2分；认可人数少于5人，得1分			
		小组分工明确	3	整理作品、余料、工具等分工有条理，得3分；其余不得分			
		完成时间	3	在规定时间内完成，得3分；未按时完成不得分			

项次		项目要求	配分	评分细则	自评	小组评价	教师评价
3. 工作页完成情况（20分）	按时完成工作页	及时提交	5	按时提交得5分；迟交不得分			
		内容完成程度	5	视完成情况得1~5分			
		回答准确率	5	视准确率情况得1~5分			
		有独到的见解	5	视见解独到程度得1~5分			
总分							
加权平均分（自评20%，小组评价30%，教师评价50%）							
教师评价签字：			组长签字：				
请你根据以上打分情况，对自己在本活动中的工作和学习状态进行总体评述（从素养的自我提升方面、职业能力的提升方面进行评述，分析自己的不足之处，描述对不足之处的改进措施）							
教师指导意见：							

235

参考文献

［1］晏辉，侯建华. 石材生产工（加工）［M］. 北京：化学工业出版社，2015.

［2］叶斌. 室内设计图典续集［M］. 福州：福建科学技术出版社，2000.

［3］张景然，王伯扬，周鑫. 世界室内装饰设计资料集：10［M］. 北京：中国建筑工业出版社，1992.

［4］溪石集团发展有限公司，世联石材数据技术有限公司. 石材与工程建筑（Ⅲ）石材新产品册（含陵园工程）［M］. 北京：中国建材工业出版社，2006.

［5］刘强. 石材加工与利用［M］. 北京：科学出版社，2000.